高等学校计算机科学与技术教材

ICICOS 操作系统

主　编　黄海军

副主编　潘明波　苏为斌

清华大学出版社

北京交通大学出版社

·北京·

内 容 简 介

本书围绕 ICICOS 系统管理和服务器应用技术展开，由浅入深、循序渐进地介绍了 ICICOS 运维中的要点和如何解决遇到的问题，主要内容包括：ICICOS 的介绍与使用、ICICOS 用户和组账号的管理、文件权限和归属的管理、磁盘的分区和格式化操作、文件系统挂载、逻辑卷管理、Linux 的引导过程、系统服务控制、启动过程优化、网络设置、服务器配置 Shell 脚本应用等。

本书可作为高等职业院校及普通高等院校的学生用书，也可供软件开发、编程等相关从业人员阅读参考。

图书在版编目（CIP）数据

ICICOS 操作系统 /黄海军主编；潘明波，苏为斌副主编. —北京：北京交通大学出版社：清华大学出版社，2023.7

ISBN 978-7-5121-4999-1

Ⅰ. ①I… Ⅱ. ①黄… ②潘… ③苏… Ⅲ. ①操作系统 Ⅳ. ①TP316

中国国家版本馆 CIP 数据核字（2023）第 105067 号

ICICOS 操作系统
ICICOS CAOZUO XITONG

责任编辑：谭文芳

出版发行：	清华大学出版社	邮编：100084	电话：010-62776969	http://www.tup.com.cn
	北京交通大学出版社	邮编：100044	电话：010-51686414	http://www.bjtup.com.cn

印 刷 者：北京虎彩文化传播有限公司

经　　销：全国新华书店

开　　本：185 mm×260 mm　印张：11　字数：281 千字

版 印 次：2023 年 7 月第 1 版　2023 年 7 月第 1 次印刷

定　　价：49.00 元

本书如有质量问题，请向北京交通大学出版社质监组反映。对您的意见和批评，我们表示欢迎和感谢。

投诉电话：010-51686043，51686008；传真：010-62225406；E-mail：press@bjtu.edu.cn。

前　言

随着万物互联时代的到来，万物互联应用需求的发展催生了边缘计算模型。边缘计算模型是指在网络边缘执行计算的一种新型计算模型。边缘计算模型中边缘设备具有执行计算和数据分析的处理能力，将原有云计算模型执行的部分或全部计算任务迁移到网络边缘设备上，降低云服务器的计算负载，减缓网络带宽的压力，提高万物互联时代数据的处理效率。边缘计算并不是为了取代云，而是对云的补充，为移动计算、物联网等提供更好的计算平台。

在工业领域，边缘应用场景包括能源分析、物流规划、工艺优化分析等。工业控制网络虽然具有高实时和确定性，但又牺牲了大规模、多种类、突发性的信息传递吞吐能力。ICICOS是 industrial cloud intelligent control operating system（工业云智能控制操作系统）的缩写。ICICOS 是为了满足工业控制对实时性能的特殊要求，从工业组网和智能控制两个维度构建系统架构。该系统基于国产处理器，用于构建智慧城市、无人驾驶、智能工厂、智慧农业等虚拟化边缘计算硬件设备专用操作系统。

为满足高校计算机科学与技术、智能科学与技术、物联网工程、数据科学与大数据技术等相关专业本科生人才培养的需要，专门针对 ICICOS 操作使用编写了这本教材，与国内外已出版的同类书籍相比，本书更注重以能力为中心，以培养应用型和技能型人才为根本，通过知识介绍、实验案例、本章总结和章节自测这样一个认知过程，精心组织学习内容、图文并茂、深入浅出，适应社会发展需要，符合高等职业教育教学改革规律及发展趋势，具有独创性、层次性、先进性和实用性。

本书共 13 章。第 1 章介绍了 ICICOS，ICICOS 是面向工业应用而开发的特殊操作系统，应用了中国科学院自主研发的国产龙芯处理器作为载体开发。第 2 章讲解 ICICOS 命令格式，使用命令管理目录和文件的基本及高级操作，内容主要包括查看和检索文件内容，备份和恢复文档及学习使用 Vim 编辑器创建或修改文本文件。第 3 章讲解如何在 ICICOS 中安装管理应用程序。作为一个多用户、多任务的服务器操作系统，ICICOS 提供了严格的权限管理机制，主要从用户身份、文件权限两方面对资源访问进行限制。第 4 章讲解 ICICOS 中用户和组账号的管理、文件权限和归属的管理。管理磁盘和文件系统是管理员的重要工作内容之一。第 5 章从磁盘的分区和格式化操作、文件系统挂载使用等方面，讲解在 ICICOS 中的磁盘和文件系统管理技术。第 6 章讲解 ICICOS 的引导过程、系统服务控制，以及启动过程优化的相关知识和技术。第 7 章讲解 ICICOS 中的基本网络配置方法，包括查看及测试网络配置，通过命令或配置文件修改网络配置、使用 DHCP 动态配置主机地址等内容。第 8 章讲解跨平台的文件共享解决方案 Samba 服务器的构建。第 9 章讲解局域网和广域网中都适用的另一种文件服务器 FTP 文件传输服务器。第 10 章讲解 Web 网站服务"Apache HTTP Server"的安装及配置。第 11 章讲解 Shell 脚本基础、变量使用等知识，以及简单脚本的编写。第 12 章讲解条件测试操作，以及如何通过正确使用 if 语句，使 Shell 脚本具有一定的"判断"能力，以根据不同的条件来完成不同的管理任务。第 13 章讲解循环、分支等其他程序控制结构。

本教材由黄海军副教授统稿并编写第 7～13 章，潘明波副教授负责编写第 1～3 章，苏为斌副教授编写第 4～6 章。本教材在编写过程中，得到了云南工商学院智能科学与工程学院多位老师的帮助与支持，感谢第七批云南省高校重点实验室和工程研究中心建设项目（云教发〔2019〕57 号）——云南省高校边缘计算网络工程研究中心的项目资助。由于编写时间比较仓促，编者水平有限，在撰写本教材过程中难免存在疏漏，不足之处恳请读者批评指正。

编　者

目　　录

第 1 章　ICICOS 的介绍与使用

在深入研究如何使用 ICICOS 命令行和 Shell 之前，最好先了解一下什么是 ICICOS、它的历史及运作方式。本章将介绍什么是 ICICOS 操作系统，并介绍命令行和 Shell 在 ICICOS 整体架构中的位置。

本章重点
- 什么是 ICICOS 操作系统
- ICICOS 内核的组成
- ICICOS Shell

1.1　什么是 ICICOS

1.1.1　什么是 Linux

如果以前从未接触过 Linux，可能就不清楚为什么会有这么多不同的 Linux 发行版。在查看 Linux 软件包时，肯定会被发行版、LiveCD 和 GNU 之类的术语弄晕。初次进入 Linux 世界会让人觉得不那么得心应手。在开始学习命令和脚本之前，本章将稍稍揭开 ICICOS 系统的神秘面纱。

首先，Linux 系统可划分为四部分：Linux 内核、GNU 工具、图形化环境、应用软件。每一部分在 Linux 系统中各司其职。但就单个部分而言，其作用并不大。图 1-1 展示了各部分是如何协作起来构成整个 Linux 系统的。

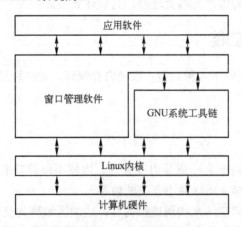

图 1-1　Linux 系统构成

Linux 系统的核心是内核。Linux 内核控制着计算机系统上的所有硬件和软件，在必要时分配硬件，并根据需要执行软件。

　　如果你一直都在关注 Linux 世界，肯定听说过 Linus Torvalds。Linus 还在赫尔辛基大学上学时就开发了第一版 Linux 内核。起初他只是想仿造一款 UNIX 系统而已，因为当时 UNIX 操作系统在很多大学都很流行。Linus 在完成了开发工作后，将 Linux 内核发布到了互联网社区，并征求改进意见。这个简单的举动引发了计算机操作系统领域内的一场革命。很快，Linus 就收到了来自世界各地的学生和专业程序员的各种建议。

　　Linux，全称 GNU/Linux，是一套免费使用和自由传播的类 UNIX 操作系统，是一个基于 POSIX 和 UNIX 的多用户、多任务、支持多线程和多 CPU 的操作系统。伴随着互联网的发展，Linux 得到了来自全世界软件爱好者、组织、公司的支持。它除了在服务器方面保持强劲的发展势头以外，在个人计算机、嵌入式系统上都有着长足的进步。使用者不仅可以直观地获取该操作系统的实现机制，而且可以根据自身的需要来修改完善 Linux，使其最大化地适应用户的需要。

　　Linux 不仅系统性能稳定，而且是开源软件。其核心防火墙组件性能高效、配置简单，保证了系统的安全。在很多企业网络中，为了追求速度和安全，Linux 被网络运维人员当作服务器使用，还当作网络防火墙，这也是 Linux 的一大亮点。Linux 具有开放源码、没有版权、技术社区用户多等特点，开放源码使得用户可以自由裁剪，灵活性高，功能强大，成本低。尤其是系统中内嵌网络协议栈，经过适当的配置就可实现路由器的功能。这些特点使得 Linux 成为开发路由交换设备的理想开发平台。

1.1.2　ICICOS 简介

　　ICICOS 是 industrial cloud intelligent control operating system（工业云智能控制操作系统）的英文缩写。

　　ICICOS 是面向工业应用而开发的特殊操作系统。在工业领域，边缘应用场景包括能源分析、物流规划、工艺优化分析等。就生产任务分配而言，根据生产订单进行最优的设备排产排程，其核心既可以存在于专用的软件系统中，也可以存在于云计算、雾计算或者边缘侧，应用中国科学院自主研发的国产龙芯处理器作为载体开发。

1.2　ICICOS 内核功能

　　ICICOS 内核主要负责以下 4 种功能：系统内存管理、软件程序管理、硬件系统管理和文件系统管理。

1.2.1　系统内存管理

　　操作系统内核的主要功能之一就是内存管理。内核不仅管理服务器上的可用物理内存，还可以创建和管理虚拟内存（实际并不存在的内存）。

　　内核通过硬盘上的存储空间来实现虚拟内存，这块区域称为交换空间（swap space）。内核不断地在交换空间和实际的物理内存之间反复交换虚拟内存中的内容，这使得系统以为它拥有比物理内存更多的可用内存，如图 1-2 所示。

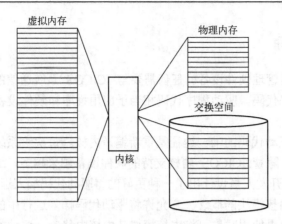

图 1-2　ICICOS 系统内存映射

内存存储单元按组划分成很多块，这些块称作页面（page）。内核将每个内存页面放在物理内存或交换空间。然后，内核会维护一个内存页面表，指明哪些页面位于物理内存内，哪些页面被换到了磁盘上。

内核会记录哪些内存页面正在使用中，并自动把一段时间未访问的内存页面复制到交换空间区域（称为换出，swapping out）——即使还有可用内存。当程序要访问一个已被换出的内存页面时，内核必须从物理内存换出另外一个内存页面给它让出空间，然后从交换空间换入请求的内存页面。显然，这个过程要花费时间，拖慢运行中的进程。只要 ICICOS 在运行，为运行中的程序换出内存页面的过程就不会停歇。

1.2.2　软件程序管理

ICICOS 将运行中的程序称为进程。进程可以在前台运行，将输出显示在屏幕上，也可以在后台运行，隐藏到幕后。内核控制着 ICICOS 如何管理运行在系统上的所有进程。

内核创建了第一个进程（称为 init 进程）来启动系统上所有其他进程。当内核启动时，它会将 init 进程加载到虚拟内存中。内核在启动任何其他进程时，都会在虚拟内存中给新进程分配一块专有区域来存储该进程用到的数据和代码。

一些 Linux 发行版使用一个表来管理在系统开机时要自动启动的进程。在 ICICOS 上，这个表通常位于专门的文件/etc/inittab 中。

另外一些系统（比如现在流行的 Ubuntu Linux 发行版）则采用/etc/init.d 目录，将开机时启动或停止某个应用的脚本放在这个目录下。这些脚本通过/etc/rcX.d 目录下的入口（entry）1启动，这里的 X 代表运行级（run level）。

ICICOS 的 init 系统采用了运行级。运行级决定了 init 进程运行/etc/inittab 文件或/etc/rcX.d 目录中定义好的某些特定类型的进程。ICICOS 有 5 个启动运行级。

当启动运行级为 1 时，只启动基本的系统进程及一个控制台终端进程，这称为单用户模式。单用户模式通常用来在系统有问题时进行紧急的文件系统维护。显然，在这种模式下，仅有一个人（通常是系统管理员）能登录到系统上操作数据。

标准的启动运行级是 3。在这个启动运行级上，大多数应用软件，比如网络支持程序，都会启动。ICICOS 中常见的运行级是 5，这个启动运行级允许用户通过图形化窗口运行程序。

1.2.3　硬件系统管理

内核的另一职责是管理硬件设备。任何需要与 ICICOS 系统通信的设备，都需要在内核代码中加入其驱动程序代码。驱动程序代码相当于应用程序和硬件设备的中间人，允许内核与设备之间交换数据。

以前，插入设备驱动代码的唯一途径是重新编译内核。每次给系统添加新设备，都要重新编译一遍内核代码。随着 ICICOS 内核支持的硬件设备越来越多，这个过程变得越来越低效，不过好在 ICICOS 开发人员设计出了一种更好的将驱动代码插入运行中的内核的方法。

开发人员提出了内核模块的概念。它允许将驱动代码插入运行中的内核而无须重新编译内核。同时，当设备不再使用时也可将内核模块从内核中移走。这种方式极大地简化和扩展了硬件设备在 ICICOS 上的使用。

ICICOS 将硬件设备当成特殊的文件（称为设备文件）。设备文件有以下 3 种分类。

① 字符型设备文件：指处理数据时每次只能处理一个字符的设备。大多数类型的调制解调器和终端都是作为字符型设备文件创建的。

② 块设备文件：指处理数据时每次能处理大块数据的设备，比如硬盘。

③ 网络设备文件：指采用数据包发送和接收数据的设备，包括各种网卡和一个特殊的回环设备。这个回环设备允许 ICICOS 使用常见的网络编程协议同自身通信。

ICICOS 为系统上的每个设备都创建一种称为节点的特殊文件。与设备的所有通信都通过设备节点完成。每个节点都有唯一的数值对供 ICICOS 内核标识它。数值对包括一个主设备号和一个次设备号。类似的设备被划分到同样的主设备号下，次设备号用于标识主设备组下的某个特定设备。

1.2.4　文件系统管理

不同于其他一些操作系统，ICICOS 内核支持通过不同类型的文件系统从硬盘中读写数据。除了自有的诸多文件系统外，ICICOS 还支持从其他操作系统（比如 Microsoft Windows）采用的文件系统中读写数据。内核必须在编译时就加入对所有可能用到的文件系统的支持。表 1-1 列出了 ICICOS 文件系统用来读写数据的标准文件系统。

表 1-1　ICICOS 文件系统用来读写数据的标准文件系统

文 件 系 统	描　　述
EXT	Linux 扩展文件系统，最早的 Linux 文件系统
EXT2	第二扩展文件系统，在 EXT 的基础上提供了更多的功能
EXT3	第三扩展文件系统，支持日志功能
EXT4	第四扩展文件系统，支持高级日志功能
HPFS	OS/2 高性能文件系统
JFS	IBM 日志文件系统
ISO9660	ISO 9660 文件系统（CD-ROM）

续表

文 件 系 统	描　　　述
Minix	Minix 文件系统
msdos	微软的 FAT16
ncp	NetWare 文件系统
NFS	网络文件系统
NTFS	支持 Microsoft NT 文件系统
proc	访问系统信息
ReiserFS	高级 Linux 文件系统，能提供更好的性能和硬盘恢复功能
SMB	支持网络访问的 Samba SMB 文件系统
SysV	较早期的 UNIX 文件系统
UFS	BSD 文件系统
umsdos	建立在 MSDOS 上的类 UNIX 文件系统
VFAT	Windows 95 文件系统（FAT32）
XFS	高性能 64 位日志文件系统

ICICOS 服务器所访问的所有硬盘都必须格式化成表 1-1 所列文件系统类型中的一种。

ICICOS 内核采用虚拟文件系统（virtual file system，VFS）作为和每个文件系统交互的接口。这为 ICICOS 内核与任何类型文件系统通信提供了一个标准接口。当每个文件系统都被挂载和使用时，VFS 将信息都缓存在内存中。

1.3　ICICOS Shell

Shell 是一种特殊的交互式工具。它为用户提供了启动程序、管理文件系统中的文件及运行在 ICICOS 上的进程的途径。Shell 的核心是命令行提示符，命令行提示符是 Shell 负责交互的部分，它允许用户输入文本命令，然后解释命令，并在内核中执行。

1.3.1　ICICOS Shell 种类

ICICOS Shell 包含了一组内部命令，用这些命令可以完成诸如复制文件、移动文件、重命名文件、显示和终止系统中正运行的程序等操作。Shell 也允许用户在命令行提示符中输入程序的名称，它会将程序名传递给内核以启动它。

也可以将多个 Shell 命令放入文件中作为程序执行。这些文件被称作 Shell 脚本。在命令行上执行的任何命令都可放进一个 Shell 脚本中作为一组命令执行。这为创建那种需要将几个命令放在一起来工作的工具提供了便利。

在 ICICOS 中，通常有好几种 Shell 可用。不同的 Shell 有不同的特性，有些更利于创建脚本，有些则更利于管理进程。所有 ICICOS 发行版默认的 Shell 都是 Bash Shell。Bash Shell 由 GNU 项目开发，被当作标准 UNIX Shell——Bourne Shell（以创建者的名字命名）的替代品。Bash Shell 的名称就是针对 Bourne Shell 的拼写所玩的一个文字游戏，称为

Bourne Again Shell。

除了 Bash Shell，本书还将介绍其他几种常见的 Shell。表 1-2 列出了 ICICOS 中常见的 Shell。

表 1-2　ICICOS 中常见的 Shell

Shell	描　　述
Ash	运行在内存受限环境中简单的轻量级 Shell，与 Bash Shell 完全兼容
Korn	与 Bourne Shell 兼容的编程 Shell 但支持如关联数组和浮点运算等一些高级的编程特性
Tcsh	将 C 语言中的一些元素引入到 Shell 脚本中的 Shell
Zsh	结合了 Bash、Tcsh 和 Korn 的特性，同时提供高级编程特性、共享历史文件和主题化提示符

大多数 Linux 发行版包含多个 Shell，但通常只会采用其中一个作为默认 Shell。本书将在第 11～13 章重点介绍 Shell。

1.3.2　Windows PuTTY+Xming 登录 XShell

Xming 是一个在 Microsoft Windows 操作系统上运行 X Window System（也常称为 X11 或 X Windows 的工作站）的自由软件，可用于在 Windows 运行 ICICOS 的程序（需要在本地 Windows 上运行一个 X Server，即是本程序）。

PuTTY 是一个 Telnet、SSH、rlogin、TCP 及串行接口连接软件。较早的版本仅支持 Windows 平台，在最近的版本中开始支持各类 UNIX 平台。PuTTY 是开放源代码软件，主要由 Simon Tatham 维护，使用 MIT licence 授权。随着 ICICOS 在服务器端应用的普及，ICICOS 管理越来越依赖于远程。在各种远程登录工具中，PuTTY 是出色的工具之一。PuTTY 是一个免费的、Windows x86 平台下的 Telnet、SSH 和 rlogin 客户端，其功能丝毫不逊色于商业的 Telnet 类工具。

1.3.3　ICICOS SSH+x 登录 XShell

简单来说，在 ICICOS 中 SSH 是非常常用的工具，通过 SSH 客户端可以连接到运行了 SSH 服务器的远程机器上，也就是说，可以通过 SSH 来远程控制计算机或者服务器。那么 SSH 协议的优点就是数据传输是加密的，可以防止信息泄露，而且数据传输是压缩的，可以提高传输速率。它的命令格式是：

```
ssh [-p port] user@remote
```

SSH 为 Secure Shell 的缩写，由 IETF 的网络小组（Network Working Group）制定；SSH 是建立在应用层基础上，专为远程登录会话和其他网络服务提供安全性的协议。SSH 最初是 UNIX 系统上的程序，后来扩展到其他操作平台。传统的网络服务程序，如：FTP、POP 和 Telnet，在本质上都是不安全的，因为它们在网络上用明文传送口令和数据，容易被截获。而且，这些服务程序的安全验证方式也是有其弱点的，很容易受到"中间人"（man-in-the-middle）方式的攻击。

port：SSH Server 监听的端口，如果不指定，默认值为 22。

user：在远程机器上的用户名，如果不指定的话，默认为当前用户。

remote：远程机器的地址，可以是 IP/域名，或者是别名。

所谓"中间人"的攻击方式，就是"中间人"冒充真正的服务器接收用户传给服务器的数据，然后再冒充用户将数据传给真正的服务器。服务器和用户之间的数据传送被"中间人"一转手做了手脚之后，就会出现很严重的问题。通过使用 SSH，可以对所有的传输数据进行加密，这样"中间人"这种攻击方式就不可能实现了，还能够防止 DNS 欺骗和 IP 欺骗。

1.4　本章总结

本章探讨了 ICICOS 及其基本工作原理。ICICOS 内核是系统的核心，控制着内存、程序和硬件之间的交互。本章关注的焦点 Shell 是 GNU 核心工具集中的一部分。

1.5　章节自测

一、选择题

1. ICICOS 的核心是（　　）。

　　A．Shell　　　　　　　　B．root　　　　　　　C．内核　　　　　　D．防火墙

2. 不能用于 ICICOS 的应用有（　　）。

　　A．服务器　　　　　　　B．防火墙　　　　　　C．机顶盒　　　　　D．量子计算机

3. （　　）操作系统可以进行内核自由裁剪，设计属于自己想要的新型系统。

　　A．ICICOS　　　　　　　B．Macos　　　　　　C．Windows　　　　D．UNIX

4. 经常遭受蓝屏、死机和病毒肆虐的操作系统是（　　）。

　　A．Linux　　　　　　　　B．Macos　　　　　　C．Windows　　　　D．UNIX

5. Linux 之父是（　　）。

　　A．美国人，史蒂芬·乔布斯　　　　　　B．美国人，比尔·盖茨

　　C．英国人，蒂姆·伯纳斯·李　　　　　D．芬兰人，李尼斯·托瓦兹

6. 虚拟内存实际上是建立在（　　）上的交换空间。

　　A．CPU 缓存　　　　　　B．硬盘　　　　　　　C．网络　　　　　　D．物理内存

7. ICICOS 将运行中的程序称为（　　）。

　　A．进程　　　　　　　　B．线程　　　　　　　C．纤程　　　　　　D．任务

8. ICICOS 对硬件的管理方式是（　　）。

　　A．硬件被装载在统一的注册表管理器中

　　B．硬件被装载在统一的设备管理器中

　　C．硬件不能被用户访问，只能被操作系统访问

　　D．硬件以文件的方式存在于/dev 目录中

9. 下述对 ICICOS 硬盘格式描述错误的是（　　）。

　　A．常采用 FAT32 或 NTFS 进行数据存储

　　B．可以采用 EXT 格式进行数据存储

　　C．若采用 XFS 格式，则超大文件读写性能优于 EXT4

      D．采用 LVM 卷可以把多个硬盘相加合并为一个分区卷使用

10．（   ）是一种特殊的交互式工具。它为用户提供了启动程序、管理文件系统中的文件及运行在 ICICOS 上的进程的途径。

      A．cmd 命令行   B．Shell   C．任务管理器   D．PuTTY

二、简答题

1．ICICOS 的全称和渊源是什么？它与 Linux 系统有什么样的关系？

2．相较于 Telnet，试述采用 SSH 登录 ICICOS 的好处。

第 2 章 命令和目录文件管理

本章将学习 ICICOS 命令格式，使用命令管理目录和文件的基本及高级操作，内容主要包括查看和检索文件内容，备份和恢复文档，以及学习使用 Vim 编辑器创建或修改文本文件。

本章重点
- 文件内容的查看及检索
- 压缩归档文件的制作与释放
- Vim 编辑器的使用

2.1 ICICOS Linux 命令基础

2.1.1 ICICOS 命令的分类

ICICOS 命令的执行必须依赖于 Shell 命令解释器。Shell 负责接收用户输入的命令并进行解释，将需要执行的操作传递给系统内核执行。根据与 Shell 程序的关系，ICICOS 命令一般分为以下两种类型。

1．内部命令

内部命令指的是集成于 Shell 解释器程序（如 Bash）内部的一些特殊命令，也称为内建（built-in）指令。内部命令属于 Shell 的一部分，所以并没有单独对应的系统文件，只要 Shell 解释器被运行，内部指令就自动载入内存了，用户可以直接使用。内部命令无须从硬盘中重新读取文件，因此执行效率更高。

2．外部命令

外部命令指的是 ICICOS 中能够完成特定功能的脚本文件或二进制程序，每个外部命令对应系统中的一个文件，是属于 Shell 解释器程序之外的命令，所以称为外部命令。ICICOS 必须知道外部命令对应的文件位置，才能够由 Shell 加载并执行。

2.1.2 ICICOS 命令行的格式

通用的命令行使用格式如下：

命令字	[选项]	[参数]

命令字、选项、参数之间使用空格分开，多余的空格将被忽略。

1．命令字

命令字即命令名称，是整条命令中最关键的一部分。

2．选项

选项的作用是调节命令的具体功能，决定这条命令如何执行。命令使用的选项有以下一些特征。

- 不同的命令字，其能够使用的选项也会不同（选项的个数和内容）。
- 选项的数量可以是多个，也可以省略。同时使用多个选项时，选项之间使用空格分隔。若不使用选项，将执行命令字的默认功能。
- 使用单个字符的选项时，一般在选项前使用"-"符号（半角的减号）引导，称为短格式选项，如"-l"。多个单字符选项可以组合在一起使用，如"-al"等同于"-a -l"。
- 使用多个字符的选项，一般在选项前使用"--"符号（两个半角的减号符）引导，称为长格式选项，如"--help"。

3．参数

参数是命令字的处理对象，通常情况下参数可以是文件名、目录（路径）名或用户名等内容。

2.1.3　获得命令帮助

对于 ICICOS 命令的更多详细选项及具体使用格式，除了查阅书本、手册和上网查询之外，最简单、快速的方法是使用命令的在线帮助功能。

1．使用 help 命令

help 命令用于查看各 Shell 内部命令的帮助信息，使用时，只需要添加内部命令的名称作为参数即可。

2．使用"--help"选项

对于大多数 ICICOS 外部命令，都可以使用一个通用的命令选项"--help"，用于显示对应命令字的格式及选项等帮助信息。

3．使用 man 手册页

man 手册页（manual page）是 ICICOS 中最为常用的一种在线帮助形式，绝大部分的外部软件在安装时为执行程序、配置文件提供了详细的帮助手册页。这些手册页中的信息按照特定的格式进行组织，通过统一的手册页浏览程序 man 进行阅读。

例如，以下操作可以查看 ls 命令的帮助手册，若要退出查看帮助手册模式，在"："后面输入小写字母"q"。

```
root@ICICOS:~# man ls
```

2.1.4　部分常见命令

表 2-1 是部分系统管理类的命令，以及一些目录和文件管理类的命令。

表 2-1　部分常见命令及其作用

命 令 示 例	作　用
uname -r	查看当前使用的 ICICOS 内核版本信息

续表

命 令 示 例	作　　　用
cat /proc/cpuinfo	查看当前主机的 CPU 型号、规格等信息
cat /proc/meminfo	查看当前主机的内存信息
hostname	查看当前主机的完整名称
ifconfig eth0	查看第 1 块以太网卡的地址等信息
shutdown -h now	关机
shutdown -r now	重启
pwd	显示用户当前所在的工作目录位置
cd 　　. 　　.. 　　用户名 　　-	将用户的工作目录更改到其他位置 -当前的工作目录 -当前目录的上一级目录 -指定用户的宿主目录，省略用户名时为当前用户 -上一次的工作目录
ls 　　-l 　　-a 　　-d 　　-h	显示目录中的内容，包括子目录和文件的相关属性信息等 -以长格式显示，包括权限、大小、最后更新时间等信息 -显示所有子目录和文件，包括隐藏目录和隐藏文件 -显示目录本身的属性，而不是显示目录中的内容 -以 K、M 等单位显示大小，而不是默认的字节
du 　　-a 　　-h 　　-s	统计指定目录（或文件）所占用磁盘空间的大小 -统计时包括所有的文件，而不仅仅只统计目录 -以 K、M 等单位显示统计效果 -只统计参数所占总大小，而非子目录、文件的大小
mkdir 　　-p	用于创建新的空目录 -一次性创建嵌套的多层目录
touch	创建空文件
ln 　　-s	为文件或目录建立链接文件（类似 Windows 的快捷方式） -创建软链接
cp 　　-f 　　-i 　　-p 　　-r	复制文件或目录 -覆盖同名文件或目录时不进行提醒，而直接强制复制 -覆盖同名文件或目录时提醒用户确认 -复制时保持源文件的权限、属主及时间标记等属性不变 -复制目录时使用，表示递归复制所有文件及子目录
rm 　　-f 　　-i 　　-r	用于删除指定的文件或目录 -删除文件或目录时不进行提醒，而直接强制删除 -删除文件或目录时提醒用户确认 -删除目录时使用，表示递归删除整个目录树
mv	将指定的文件或目录转移位置，如果目标位置与源位置相同，则效果相当于为文件或目录改名
which	查找用户所执行的命令文件存放的目录
find 　　-name 　　-size 　　-user 　　-type	查找文件或目录 -根据目标文件的名称进行查找，可使用"*"及"?"通配符 -根据目标文件的大小进行查找 -根据文件是否属于目标用户进行查找 -根据文件的类型（f/d/b/c）进行查找

2.2　命令实现目录和文件的管理

前面学习了 ICICOS 命令的格式，以及目录和文件管理的基本命令操作。本节将进一步学习管理目录和文件的高级操作，内容主要包括查看和检索文件内容、备份和恢复文档，以及使用 Vim 编辑器创建或修改文本文件。

2.2.1　目录的绝对路径和相对路径

相对路径就是相对于当前所在目录来说的路径，绝对路径就是相对于（根）目录来说的路径。相对路径不以/开头，绝对路径以/开头。

```
root@ICICOS:~#  ls    //显示当前路径下文件
bdwgc-8.0.4.tar.gz      icicos2020228.pem            openssl-1.1.1e.tar.gz
boost_1_72_0            libtasn1-4.9                 p11-kit-0.23.16
boost_1_72_0.tar.bz2    libtasn1-4.9.tar.gz          p11-kit-0.23.16.tar.gz
gc-8.0.4                libunistring-0.9.10          Python-2.7.6
…//省略部分内容
root@ICICOS:~#  pwd    //查看当前路径
/root
root@ICICOS:~# cd ICICOS    //使用相对路径进入 ICICOS 文件夹
root@ICICOS: ICICOS# cd ~    //返回用户目录
root@ICICOS:~# cd /root/ICICOS    //使用绝对路径进入 ICICOS 文件夹
root@ICICOS: ICICOS#
```

2.2.2　查看及检索文件

在 ICICOS 中，绝大多数的配置文件，都是以普通文本格式保存的，这些配置文件决定了系统及相关服务、程序的运行特性。本节将学习如何查看及检索文本文件的内容，以快速了解相关配置信息，以便为管理、维护系统提供有效的参考。

1．查看文件内容

对于一个文本格式的配置文件，可以用不同的查看方法来获知文件内容，如直接显示整个文件内容、分页查看文件内容，或者只查看文件开头或末尾的部分内容。在 ICICOS 中，分别由不同的命令来实现这些操作。

（1）cat 命令——显示并连接（concatenate）文件的内容

cat 命令本来用于连接多个文件的内容，但在实际使用中更多地用于查看文件内容。cat 命令，是应用最为广泛的文件内容查看命令。使用该命令时，只需要将要查看的文件路径作为参数即可。例如，以下操作就可以查看/etc/network/interfaces 配置文件中的内容并了解以太网卡的配置信息。

```
root@ICICOS:~# cat/etc/network/interfaces
…//省略部分内容
auto eth1
iface lo inet loopback
allow-hotplug eth1
iface eth1 inet static
        address 192.168.202.214
        network 192.168.202.0
```

```
        netmask 255.255.255.0
        broadcast 192.168.202.255
        gateway 192.168.202.1
…//省略部分内容
```

如果需要同时查看多个文件的内容，可以添加多个文件路径作为查看对象。例如，以下操作将依次显示/etc/issue /proc/version 文件的内容，前者记录了系统的发行版本信息，后者记录了系统内核及开发环境、时间等信息。

```
root@ICICOS:~# cat /etc/issue /proc/version
Debian GNU/Linux 6.0 \n \l
Linux version 2.6.27.59-loongson-2f (root@lynoong) (gcc version 4.4.5 (Debian 4.4.5-8) ) #8 Mon Dec 19
21:35:58 CST 2011
```

（2）more 和 less 命令——分页查看文件内容

使用 cat 命令，可以非常简单地直接显示出整个文件的内容,但是当文件中的内容较多时，很可能只能看到最后一部分信息，而文件前面的大部分内容却来不及看到。而 more 和 less 命令通过采用全屏的方式分页显示文件，便于从头到尾仔细地阅读文件内容。

more 命令是较早出现的分页显示命令，表示文件内容还有更多（more）的意思；less 命令是较晚出现的分页显示命令，提供了比早期 more 命令更多的一些扩展功能。两个命令的用法基本相同。

使用 more 命令查看超过一屏的文件内容时，将进行分屏显示，并在左下角显示当前内容在整个文件中的百分比，在该阅读界面中，可以按 Enter 键向下逐行滚动查看，按空格键可以向下翻一屏，按 b 键向上翻一屏，按 q 键退出并返回到原来的命令环境。例如，以下操作将可以分屏查看/etc/httpd/conf/httpd.conf（Samba 服务配置文件）文件的内容。

```
root@ICICOS:~# more /etc/samba/smb.conf
    #
    # Sample configuration file for the Samba suite for Debian GNU/Linux.
    #
    #
    # This is the main Samba configuration file. You should read the
    # smb.conf(5) manual page in order to understand the options listed
    # here. Samba has a huge number of configurable options most of which
    # are not shown in this example
    #
    # Some options that are often worth tuning have been included as
    # commented-out examples in this file.
    #   - When such options are commented with ";", the proposed setting
    #       differs from the default Samba behaviour
    #   - When commented with "#", the proposed setting is the default
    #       behaviour of Samba but the option is considered important
    #       enough to be mentioned here
    --More--(5%)
```

more 命令除了可以分屏查看文件内容以外，还可以结合管道符号"|"分屏查看执行命令

时的输出信息，这在命令输出内容较多的情况下特别有用。例如，以下操作可以分页查看/etc/
目录下有哪些扩展名为 ".conf" 的配置文件。需要注意的是，使用这种方式将无法向上翻页。

```
root@ICICOS:~#　ls -lh /etc/*.conf | more
    -rw-r--r-- 1 root    root    3.0K    5 月 18 2008 /etc/adduser.conf
    -rw-r--r-- 1 root    root    361 12 月 19 2008 /etc/asound.conf
    -rw-r--r-- 1 root    root    6.5K    9 月 16 2011 /etc/ca-certificates.conf
    -rw-r--r-- 1 root    root    2.9K    4 月 20 2008 /etc/debconf.conf
    -rw-r--r-- 1 root    root    600    3 月 28 2008 /etc/deluser.conf
    -rw-r--r-- 1 root    root    21K    7 月 30 2010 /etc/dnsmasq.conf
    -rw-r--r-- 1 root    root    8.5K    9 月 27 2009 /etc/ffserver.conf
    -rw-r----- 1 root    fuse    216    4 月  3 2008 /etc/fuse.conf
    -rw-r--r-- 1 root    root    2.9K    6 月  8 2010 /etc/gai.conf
    …//省略部分内容
    --more--
```

（3）head 和 tail 命令——查看文件开头或末尾的部分内容

head 和 tail 是一对作用相反的命令，前者用于显示文件开头的一部分内容，后者用于显示文件末尾的一部分内容，可以使用 "-n" 选项（n 为具体的行数），指定需要显示多少行的内容，不指定行数，默认只显示 10 行。

执行 "head -4 /etc/passwd" 命令，可以查看用户账号文件/etc/passwd 开头第 1 行至第 4 行的部分内容。

```
root@ICICOS:~# head -4 /etc/passwd
    root:x:0:0:root:/root:/bin/bash
    daemon:x:1:1:daemon:/usr/sbin:/bin/sh
    bin:x:2:2:bin:/bin:/bin/sh
    sys:x:3:3:sys:/dev:/bin/sh
```

tail 命令则正好相反，用于查看文件末尾的内容。tail 命令通常用于查看系统日志（因为较新的日志记录总是被添加到文件最后），以便观察网络访问、服务调试等相关信息。例如，以下操作使用参数 "-f" 使 tail 不停地去读最新的内容，因此有实时监视的效果，用 Ctrl+c 键来终止。

```
root@ICICOS:~# tail -f /var/log/messages
    //省略显示内容
```

2．统计和检索文件内容

在维护 ICICOS 的过程中，除了查看文件内容以外，有时还需要对文件内容进行统计，或者查找符合条件的文本内容，下面将学习统计和检索文件内容的两个命令工具。

（1）wc 命令——统计文件内容中的单词数量（word count）、行数等信息

wc 命令用于统计文件内容中包含的行数、单词数、字节数等信息，使用文件名作为参数，可以同时统计多个文件，较常用的选项如下所述。

- -c：统计文件内容中的字节数。
- -l：统计文件内容中的行数。

■ -w：统计文件内容中的单词个数（以空格或制表位作为分隔）。

当文件的行数、单词数或字节数具有特定的意义时，使用 wc 命令可以巧妙地获得一些特殊信息。例如，ICICOS 中的用户账号数据保存在/etc/passwd 文件中，其中每一行记录对应一个用户，则以下操作可以统计出当前 ICICOS 中拥有的用户账号数量。

```
root@ICICOS:~# wc -l /etc/passwd
34 /etc/passwd
```

若将 wc 命令与管道符号一起使用，还可以对命令输出结果进行统计。例如，若要统计/etc/目录下共包含多少个扩展名为 ".conf" 的文件，可以先通过 "find /etc -name "*.conf"" 命令找出符合条件的文件位置，由于 find 命令的输出结果也是每行一个文件记录，因此只需结合管道符号执行 "wc -l" 操作即可得出符合条件的文件数量。

```
root@ICICOS:~# find /etc -name "*.conf" | wc -l
194
```

使用不带任何选项的 wc 命令时，默认将统计指定文件的字节数、行数、单词个数（相当于同时使用-c、-l、-w 三个选项）。例如，以下操作将统计出/etc/hosts 文件中共包含 2 行、4 个单词、50 个字节的内容，通过 "cat /ect/hosts" 命令列出文件内容，可核对统计结果是否正确。

```
root@ICICOS:~# wc /etc/hosts
 2   4 50 /etc/hosts
```

（2）grep 命令——检索、过滤文件内容

grep 命令用于在文件中查找并显示包含指定字符串的行，可以直接指定关键字符串作为查找条件，也可以使用复杂的条件表达式（例如，"^word" 表示以 word 开头，"word$" 表示以 word 结尾，"^$" 表示空行）。使用 grep 命令的基本格式如下所示：

```
grep [选项] ……  查找条件  目标文件
```

grep 命令较常用到的几个选项如下。

■ -i：查找内容时忽略大小写（ignore case）

■ -v：反转查找（invert），即输出与查找条件不相符的行。

执行 "grep"root"/etc/passwd" 命令，可以在账号文件/etc/passwd 中查找包含 " root " 字符串的行，实际上输出了名为 root 的用户账号的信息。

```
root@ICICOS:~# grep "root" /etc/passwd
root:x:0:0:root:/root:/bin/bash
```

在维护 ICICOS 的过程中，经常会遇到包含大量内容的配置文件，而其中往往包含了许多空行和以 "#" 开头的注释文字，当只需要分析其中的有效配置信息时，这些空行和注释文字的存在不利于快速浏览，使用 grep 命令可以过滤掉这些无关信息。例如，以下操作可以显示出/etc/vsftpd/vsftpd.conf 文件中以 "#" 开头的行和空行以外的内容。

```
root@ICICOS:~# grep -v "^#" /etc/apt/sources.list | grep -v "^$"
deb http://www.anheng.com.cn/bjlx wheezy main
```

```
deb-src http://www.anheng.com.cn/bjlx wheezy main
deb http://www.anheng.com.cn/bjlx jessie main
deb-src http://www.anheng.com.cn/bjlx jessie main
deb http://www.anheng.com.cn/bjlx squeeze main
deb-src http://www.anheng.com.cn/bjlx squeeze main
deb http://www.anheng.com.cn/bjlx stretch main
deb-src http://www.anheng.com.cn/bjlx stretch main
```

2.2.3　备份与恢复文档

在 ICICOS 中，最简单的文件和目录备份工具就是 cp 复制命令，但是当需要备份的文件目录数量较多时，仅仅使用 cp 命令就显得有点力不从心，备份出来的文件数量及其所占用的磁盘空间可能都会对服务器产生不小的压力，因此，有必要对需要备份的数据进行归档和压缩。

这里所说的归档操作实际上相当于"打包"，即使许多个文件和目录合并保存为一个整体的包文件，以方便传递或携带，而压缩操作可以进一步降低打包好的归档文件所占用的磁盘空间，充分提高备份介质的利用率。

Linux 系统中较常用的压缩命令工具包括 gzip、bzip2，最常用的归档命令工具为 tar。使用 tar 命令可以通过特定选项自动调用 gzip 或 bzip2 程序，以完成归档、压缩的整套流程，当然也可以完成解压缩、释放已归档文件的整套流程。

以下分别介绍压缩和归档命令的使用方法。

1．使用压缩和解压缩工具

gzip 和 bzip2 是 ICICOS Linux 系统中使用得最多的两个压缩解压工具，这两个命令都可以压缩指定的文件，或者将已经压缩过的文件进行解压，两者使用的压缩算法各不相同，但命令使用格式基本类似，一般来说 bzip2 的压缩效率更高一些。

（1）gzip 和 gunzip 命令

使用 gzip 制作的压缩文件默认的扩展名为".gz"。制作压缩文件时，使用"-g"选项可以提高压缩的比例，但文件较大时会需要更多的时间。例如，以下操作将对当前目录下的 test 文件进行压缩，生成压缩文件 test.gz（原始文件 test 不再保留），压缩后的文件大小变为 2.4 KB（未压缩时为 782 KB）。

```
root@ICICOS:~# ls -lh test
-rw-r--r-- 1 root root 782K 11 月  25 16:42 test
root@ICICOS:~# gzip test
root@ICICOS:~# ls -lh test.gz
-rw-r--r-- 1 root root 2.4K 11 月  25 16:42 test.gz
```

当需要解压缩经 gzip 压缩的文件时，只需使用带"-d"选项的 gzip 命令即可，或者直接使用 gunzip 命令。例如，若要将压缩文件 test.gz 进行解压缩，可执行以下操作：

```
root@ICICOS:~# gzip -d test.gz
```

或者

```
root@ICICOS:~# gunzip test.gz
```

（2）bzip2 和 bunzip2 命令

bzip2 和 bunzip2 命令的用法与 gzip、gunzip 命令基本相同，使用 bzip2 制作的压缩文件默认的扩展名为 "bz2"。例如，以下操作将对当前目录下的 test 文件以较高压缩比进行压缩，生成压缩文件 test.bz2（原始文件 test 不再保留），压缩后的文件大小变为 6.4 KB（未压缩时为 28 KB）。

```
root@ICICOS:~# ls -lh test
-rw-r--r-- 1 root root 782K 11 月  25 16:42 test
root@ICICOS:~# bzip2 test
root@ICICOS:~# ls –lh test
-rw-r--r-- 1 root root 190 11 月  25 16:42 test.bz2
```

2．使用 tar 归档和释放工具

tar 命令主要用于对目录和文件进行归档，在实际的备份工作中，通常在归档的同时也会将文件进行压缩（需要调用前面的 gzip 或 bzip2 命令），以便节省磁盘空间。使用 tar 命令时，选项前的 "-" 号可以省略，常用的几个选项如下所述。

- -c：创建.tar 格式的包文件。
- -C：解压缩时指定释放的目标文件夹。
- -f：表示使用归档文件。
- -i：调用 bzip2 程序进行压缩或解压缩。
- -p：打包时保留文件及目录的权限。
- -P：打包时保留文件及目录的绝对路径。
- -t：列表查看包内的文件。
- -v：输出详细信息（Verbose）。
- -x：解开 tar 格式的包文件。
- -z：调用 gzip 程序进行压缩或解压。

（1）制作归档备份文件

制作归档及压缩包（备份）文件时，tar 命令的基本格式如下所示：

```
tar [选项] … 归档及压缩文件名  需要归档的源文件或目录…
```

如果需要对制作的归档文件进行压缩，可以通过 "-z" 或 "-j" 选项自动调用压缩工具（分别对应 gzip、bzip2 命令程序）进行压缩。例如，以下操作将会对/etc 和/boot 目录进行备份，在当前目录下生成名为 sysfile.tar.gz 的归档压缩包，执行过程中可以看到被归档的文件列表信息。

```
root@ICICOS:~# tar 2cvf sysfile.tar.gz /etc /boot
/etc/passwd-
/etc/ca-certificates/
/etc/ca-certificates/update.d/
/etc/ca-certificates/update.d/jks-keystore
/etc/pm/
```

```
/etc/pm/power.d/
/etc/pm/config.d/
…//省略部分内容
root@ICICOS:~# ls -lh sysfile.tar.gz
-rw-r--r-- 1 root root 3.2M 11 月　25 16:52 sysfile.tar.gz
```

若需要制作 ".tar.bz2" 格式的归档压缩包，则将 "-z" 选项改为 "-j" 选项使用即可。例如，以下操作将会对/home 目录及/etc/passwd、/etc/shadow 文件进行备份，在/tmp 目录下生成名为 usershome.tar.bz2 的归档压缩包。

```
root@ICICOS:~# tar -jcvf /tmp/usershome.tar.bz2 /home /etc/pas wd /etc/shadow
tar: 从成员名中删除开头的 "/"
/home/
/home/loongson/
/home/loongson/min2mul.py
/home/loongson/.htoprc
/home/loongson/.bashrc
/home/loongson/.bash_profile
/home/loongson/www/
/home/loongson/www/pages/
…//省略部分内容
root@ICICOS:~# ls -lh /tmp/usershome.tar.bz2
-rw-r--r-- 1 root root 42M 11 月　25 16:56 /tmp/usershome.tar.bz2
```

（2）从归档文件中恢复数据

解压缩并释放（恢复）归档压缩包文件时，tar 命令的基本格式如下所示：

```
tar [选项] … 归档及压缩文件名 [-C 目标目录]
```

类似地，当从 ".tar.gz" 格式的归档压缩包恢复数据时，需要结合 "-z" 选项来自动调用压缩工具，而对于 ".tar.bz2" 格式的归档压缩包，对应的是 "-j" 选项。默认情况下，恢复出的数据将释放到当前目录中，如果需要恢复到指定文件夹，还需要结合 "-C" 选项来指定目标目录。例如，以下操作将从备份文件 usershome.tar.bz2 中恢复数据，释放到根目录下（将覆盖现有文件）。

```
root@ICICOS:~# tar -jxf /tmp/usershome.tar.bz2 -C /
```

在大部分的备份及恢复工作中，只使用 tar 命令就可以很好地结合 gzip、bzip2 工具协同工作，而无须额外再执行 gzip 或 bzip2 命令，但是要注意这两个压缩工具的命令程序必须存在。

2.2.4　使用 Vim 文本编辑器

配置文件是 ICICOS 的显著特征之一，其作用有点类似于 Windows 系统中的注册表，只不过 Windows 下的注册表是集中管理，而配置文件采用了分散的自由管理方式。本节将学习如何使用 ICICOS 字符操作界面中的文本编辑器——Vim，以便更好地管理和维护系统中的各种配置文件。

Vi 命令是 UNIX 操作系统和类 UNIX 操作系统中最通用的全屏幕纯文本编辑器。本书建议大家使用 Vi，它是 Vi 的增强版（vi improved），与 Vi 编辑器完全兼容，而且实现了很多增强功能。

1. Vim 编辑器的工作模式

Vim 是工作在字符终端环境下的全屏幕编辑器，因此编辑界面相对比较简单，并没有为用户提供鼠标操作和菜单系统，而是通过按键命令实现相应的编辑和操作功能。在 Vim 编辑界面中可以使用三种不同的工作模式，分别为命令模式、输入模式和末行模式，在不同的模式中能够对文件进行的操作也不相同。

- **命令模式：**启动 Vim 编辑器后默认进入命令模式，该模式中主要完成如光标移动、字符串查找，以及删除、复制、粘贴文件内容等相关操作。
- **输入模式：**该模式中主要的操作就是录入文件内容，可以对文本文件正文进行修改或者添加新的内容。处于输入模式时，Vim 编辑器的最后一行会出现"--插入--"的状态提示信息。
- **末行模式：**该模式下可以设置 Vim 编辑环境、保存文件、退出编辑器，以及对文件内容进行查找、替换等操作。处于末行模式时，Vim 编辑器的最后行会出现冒号":"提示符。

命令模式、输入模式和末行模式是 Vim 编辑环境的三种状态，通过不同的按键操作可以在不同的模式间进行切换。例如，从命令模式按冒号键":"可以进入末行模式，而如果按 a、i、o 等键可以进入输入模式，在输入模式、末行模式均可按 Esc 键返回至命令模式，如图 2-1 所示。

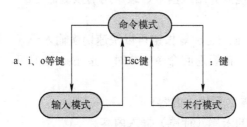

图 2-1　Vim 编辑器的工作模式及切换方法

认识了 Vim 编辑器的不同编辑模式（状态）以后，下面将分别介绍在命令模式、末行模式中的常见操作方法。输入模式主要用于录入文本内容，在此不做特别介绍。

2. 命令模式中的基本操作

执行单独的"vim"命令即可进入到 Vim 编辑器的命令模式，还会显示相关版本信息，如图 2-2 所示，但更常见的使用方法是指定要编辑的文件名作为参数，若该文件不存在，则 Vim 将根据该文件名称打开一个新的空文件。

在学习 Vim 编辑器的基本操作时，可以复制一个内容较多的系统配置文件进行练习，而不要直接去修改系统文件，以免发生失误造成系统故障。例如，以下操作把系统配置文件/etc/inittab 复制为当前目录下的 vitest.file 文件，然后用 Vim 编辑器打开 vitest.file 文件进行编辑。

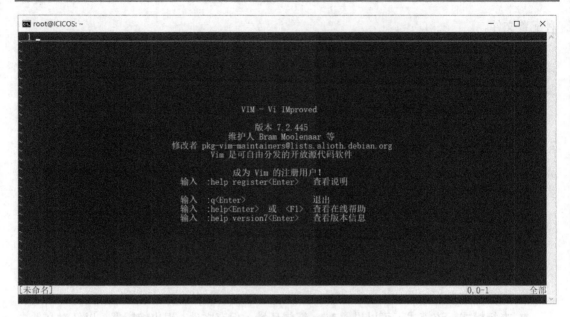

图 2-2　Vim 编辑器的独立启动界面

```
root@ICICOS:~# cp /etc/inittab /vitest.file
root@ICICOS:~# vim /vitest.file
```

在 Vim 编辑器的命令模式中，可以输入特定的按键（称为 vim 操作命令，注意区别于 ICICOS 命令）进行操作。主要包括模式切换、移动光标、复制、粘贴、删除、查找文件内容及保存和退出等操作，这里只介绍最基本、最常用的按键命令。

（1）模式切换

在命令模式中，使用 a、i、o 等按键可以快速切换输入模式，同时确定插入点的方式和位置，以便录入文件内容。需要返回命令模式时，按 Esc 键即可，常见的几个模式切换键及其作用如下。

- a：在当前光标位置之后插入内容。
- A：在光标所在行的末尾（行尾）插入内容。
- i：在当前光标位置之前插入内容。
- I：在光标所在行的开头（行首）插入内容。
- o：在光标所在行的后面插入一个新行。
- O：在光标所在行的前面插入一个新行。

（2）移动光标

① 光标方向的移动，直接使用键盘中的四个方向键 ↑、↓、←、→ 完成相应的光标移动。

② 翻页移动。

- 使用 Page Down 键或 Ctrl+F 组合键向下翻动一整页内容。
- 使用 Page Up 键或 Ctrl+B 组合键向上翻动一整页内容。
- 其中 Page Down 键和 Page Up 键同样适用于 Vim 的输入模式。

③ 行内快速跳转。

■ 按 Home 键或*键、数字 0 键将光标快速跳转到本行的行首。

■ 按 End 键或$键将光标快速调整到本行的行尾。

在上述案件操作中，Page Down、Page Up、Home、End 键及方向键同样也可在 Vim 的输入模式中使用。

④ 行间快速跳转。

■ 使用按键命令 1G 或者 gg 可跳转到文件内容的第一行。

■ 使用按键命令 G 可跳转到文件的最后一行。

■ 使用按键命令#G，可跳转到文件中的第#行（其中"#"号用具体数字替换）。

为了便于查看行间跳转效果，这里可以先学习一下如何在 Vim 编辑器中显示行号，只要切换到末行模式并执行"：set nu"命令即可显示行号，执行":set nonu"命令可以取消显示行号。

```
: set nu
```

显示行号后的 Vim 编辑器界面显示格式如下所示（每行开头的数字即行号）：

```
1 # /etc/inittab: init(8) configuration.
2 $ $Id: inittab,v 1.91 2002/01/25 13:35:21 miquels Exp $
3
4 # The default runlevel.
… //省略部分内容
```

（3）复制、粘贴和删除

① 复制操作。使用按键命令 yy 复制当前行整行的内容到剪贴板，使用#yy 的形式还可以复制从光标处开始的#行内容（其中"#"号用具体数字替换）。复制的内容需要粘贴后才能使用。

② 粘贴操作。在 Vim 编辑器中，前一次被删除或复制的内容将会保存到剪切板缓冲器中，按 p 键即可将缓冲区中的内容粘贴到光标位置处之后，按 P 键则会粘贴到光标位置处之前。

③删除操作。

■ 使用 x 键或 Del 按键删除光标处的单个字符。

■ 使用按键命令 dd 删除当前光标所在行，使用#dd 的形式还可以删除从光标处开始的#行内容（其中"#"号用具体数字替换）。

■ 使用按键命令 d^删除当前光标之前到行首的所有字符。

■ 使用按键命令 d$删除当前光标处到行尾的所有字符。

（4）查找文件内容

在命令模式中，按/键后可以输入指定的字符串，从当前光标处开始向后进行查找（如果按？键则向前查找）。完成查找后可以按 n、N 键在不同的查找结果中进行选择。例如，输入"/initdefault"，按 Enter 键后将查找出文件中的"initdefault"字符串并高亮显示，光标自动移动至第一个查找结果处，按 n 键可以移动到下一个查找结果，如下所示：

```
1 # /etc/inittab: init(8) configuration.
2 # $Id: inittab,v 1.91 2002/01/25 13:35:21 miquels Exp $
3
4 # The default runlevel.
5 id:2:initdefault:
6
7 # Boot-time system configuration/initialization script.
```

/initdefault   6,6   bot

（5）撤销编辑及保存和退出

在对文件内容进行编辑时，有时需要对一些失误的编辑操作进行撤销，这时可以使用按键命令 u、U 键。其中，u 键命令用于取消最近一次操作，并恢复操作结果，可以多次重复按 u 键恢复已进行的多步操作；U 键命令用于取消对当前行所做的所有编辑。

当需要保存当前的文件内容并退出 Vim 编辑器时，可以按 ZZ 命令。

3．末行模式中的基本操作

在命令模式中，按冒号键"："可以切换到末行模式，Vim 编辑器的最后一行中显示"："提示符，用户可以在该提示符后输入特定的末行命令，完成如保存文件、退出编辑器、打开新文件、读取其他文件内容及字符串替换等丰富的功能操作。

（1）保存文件及退出 Vim 编辑器

① 保存文件。对文件内容进行修改并确认以后，需要执行"：w"命令进行保存。

:w

若需要另存为其他文件，则需要指定新的文件名，必要时还可以指定文件路径。例如，执行"：w /root/newfile"操作将当前编辑的文件另存到/root 目录下，文件名为 newfile。

:w /root/newfile

② 退出编辑器。需要退出 Vim 编辑器时，可以执行"：q"命令，若文件内容已经修改却没有保存，仅使用"：q"命令将无法成功退出，这时需要使用"：q!"命令强行退出（不保存即退出）。

:q!

③ 保存并退出。既要保存文件又要退出 Vim 编辑器可以使用一条末行命令"：wq"或"：x"实现，其效果与命令模式中的 ZZ 命令相同。

:wq

或者

:x

（2）打开新文件或读入其他文件内容

① 打开新的文件进行编辑，在当前 Vim 编辑器中，执行"：e 新的文件"形式的末行命令

可以编辑（edit）新文件。例如，执行":e ~/install.log"操作将直接打开当前用户宿主目录中的 install.log 文件进行编辑。

```
:e ~/install.log
```

② 在当前文件中读入其他文件内容。执行":r 其他文件"形式的末行命令可以读入（read）其他文件中的内容，并将其复制到当前光标所在位置。例如，执行":r /etc/filesystems"操作将系统文件/etc/filesystems 中的内容复制到当前文件中。

```
:r /etc/filesystems
```

（3）替换文件内容

在 Vim 编辑器的末行模式中，能够将文件中特定的字符串替换成新的内容，当需要大批量修改同一内容时，使用替换功能将大大提高编辑效率。使用替换功能时的末行命令格式如下所示：

```
:[替换范围]　sub /旧的内容/新的内容[/g]
```

在上述替换格式中，主要关键字为"sub"（substitube，替换），也可以简写为 s。"替换范围"是可选部分，默认只对当前行内的内容进行替换，一般可以表示为以下几种形式。

- %：在整个文件内容中进行查找并替换。
- n,m：在指定行数范围以内的文件内容中进行查找并替换。
- 最末尾的"/g"部分也是可选内容，表示对替换范围内每一行的所有匹配结果都进行替换，省略"/g"时将只替换每行中的第一个匹配结果。例如，若要将文档中第 5～15 行中的"initdefault"字符串替换为"DEFAULT"，可以执行以下操作：

```
:5,15 sub /initdefault/DEFAULT/g
```

当需要对整个文档范围进行查找替换操作时，需要使用"%"符号表示全部。例如，以下操作将会把当前文件中所有的"initdefault"字符串替换为"bootdefault"。

```
:% sub /initdefault/bootdefault/g
```

2.3　ICICOS 命令使用安全

在 ICICOS 命令使用过程中，一些命令的使用需要特别注意，以下是命令安全的几个例子，错误的命令使用将会导致系统崩溃或死机。

1．删除命令 rm 使用错误案例

```
root@ICICOS:~# rm -rf /etc      //强制删除/etc 文件夹将导致系统无法正常启动
```

避免方法：避免使用-f 强制删除选项，或是删除文件前先确认。

2．硬盘数据被错误覆盖案例

```
root@ICICOS:~# ls > /dev/sda      //执行命令 ls，并输出到/dev/sda，导致硬盘数据被命令输出内容覆盖，系统无法正常启动
```

避免方法：禁止命令输出到硬盘文件。

3．移动文件丢失案例

> **root@ICICOS:~# mv /home/inittab /dev/null**   //执行移动命令 mv，并移动到/dev/null，被移动的数据丢失，无法恢复，导致系统启动不正常

避免方法：禁止将有效文件移动到/dev/null 下。

2.4 实验案例：检索、备份及编辑文件

2.4.1 实验环境

为了进一步熟悉 ICICOS 主机的配置文件，学会查看和编辑系统配置，需要管理员尽快掌握查看和检索文件内容的方法，以及在命令行界面中对 Vim 文本编辑器的使用，并能够对文档进行备份与恢复操作。

2.4.2 需求描述

1．练习文件查看及检索操作

① 查看/etc/fstab 文件，确认当前系统支持的文件系统类型。

② 分页查看/etc/services 文件，了解各种服务默认使用的协议、端口号。

③ 从/proc/meminfo 文件中过滤出物理内存大小、空闲内存大小。

2．练习备份与恢复操作

① 备份整个/etc 目录树，制作成归档压缩包文件 etc.tar.gz。

② 查看 etc.tar.gz 文件中包含的目录及文件列表。

③ 将 etc.tar.gz 文件恢复到/tmp 目录下，确认后再删除/tmp/etc 文件夹。

3．练习 Vim 编辑器的基本使用

① 通过"man man | col -b > man.txt"操作创建 man.txt 文件。

② 用 Vim 编辑器打开 man.txt 文件，以此文件作为练习素材。

③ 切换到末行模式，并输入":set nu"命令显示出行号。

④ 将第 6 行的内容复制到第 2 行，并删除第 2 行以后的几个空行。

⑤ 在文件中查找"-k"字符串。

⑥ 将文件中的所有"string"字符串替换为"TEST"。

⑦ 保存该文件后退出 Vim 编辑器。

⑧ 重新打开 man.txt 文件，只保留前 5 行，删除其余所有内容。

⑨ 复制/root/.bashrc 文件的内容到第 5 行以后，然后另存为 man2.txt 文件。

4．使用 Vim 编辑器修改系统配置

① 为/etc/inittab、/etc/issue 文件做好备份，以便在必要时进行恢复。

② 用 Vim 编辑器打开/etc/inittab 文件，查找到包含"id:5:initdefault: "字符串的行，将其修改为"id:3:initdefault: "。

③ 用 Vim 编辑器打开/etc/issue 文件，删除其中的所有内容，添加一行新的文字"Windows Server 2008 Enterprise R2"（或者用户自己编写的其他文本）。

④ 重新启动系统，观察 ICICOS 登录界面的变化（文本界面、个性化登录提示）。

⑤ 根据备份文件恢复/etc/inittab、/etc/issue 文件的内容。

2.4.3　推荐步骤

步骤 1：练习文件查看及检索操作

```
root@ICICOS:~# cat /etc/fstab
root@ICICOS:~# less /etc/service
root@ICICOS:~# grep "Men" /proc/meminfo
```

步骤 2：练习备份与恢复操作

```
root@ICICOS:~# tra zcf etc.tar.gz /etc
root@ICICOS:~# tar ztvf etc.tar.gz
root@ICICOS:~# tar zxf etc.tar.gz -c /tmp
root@ICICOS:~# ls -dl /tmp/etc/
root@ICICOS:~# rm -rf /tmp/etc/
```

步骤 3：练习 Vim 编辑器的基本使用
参考理论讲解部分的内容。

步骤 4：使用 Vim 编辑器修改系统配置

```
root@ICICOS:~# cp /etc/inittab /etc/inittab.bak
root@ICICOS:~# cp /etc/issue /etc/issue.bak
…//省略 Vim 编辑及重启验证过程
root@ICICOS:~# cp -f /etc/inittab.bak /etc/inittab
root@ICICOS:~# cp -f /etc/issue.bak /etc/issue
```

2.5　本章总结

使用 cat、more、less、head、tail 命令可以查看文件。

使用 wc、grep 命令可以统计、检索文件内容。

使用 gzip、bzip2 命令可以制作及释放压缩文件，使用 tar 命令可以制作或释放归档文件，结合 "-z"，"-j" 选项还能够自动调用压缩工具。

Vim 是一个全屏幕的文件编辑器，包括命令模式、输入模式、末行模式三种使用状态。

2.6　章节自测

一、选择题

1. 若需要统计日志文件/var/log/syslog 中的记录条数，可以执行（　　）操作。

    A．cat /var/log/secure

    B．wc -l /var/log/secure

    C．grep -I /var/log/secure

    D．less /var/log/secure

2．使用 tar 归档工具时，（　　　）操作可以对/boot 目录进行备份，制作归档压缩包文件 bootbak.tar.gz。

    A．tar zcf /boot bootbak.tar.gz

    B．tar zcvf bootbak.tar.gz /boot

    C．tar jcf /boot bootbak.tar.gz

    D．tar jxf bootbak.tar.gz /boot

3．在 Vim 编辑器的（　　　）中，可以执行 ":set nu" 操作以显示行号。

    A．命令模式

    B．终端模式

    C．输入模式

    D．末行模式

4．在 Vim 编辑器中，修改文件内容后若需要保存并退出编辑器，使用（　　　）命令无法实现。

    A．命令模式中 ZZ

    B．末行模式中的:q!

    C．末行模式中的:wq

    D．末行模式中的:x

5．当 Vim 编辑器处于输入模式状态时，可以按（　　　）键切换到命令模式。

    A．F1

    B．BackSpace

    C．Esc

    D．Delete

二、简答题

简述 Vim 编辑器的工作模式。

三、操作题

1．使用 find、wc 命令结合管道操作，统计当前 ICICOS 中共包括多少个目录。

2．过滤出/etc/postfix/main.cf 文件中除了注释行和空行以外的内容，保存为新文件 /etc/postfix/main.cf.min，统计 main.cf 和 main.cf.min 文件的行数。

3．使用 tar 命令对/boot、/etc 两个文件夹进行备份,制作成归档压缩包文件 bootetc-bak.tar.bz2，并保存到/obt 目录下。

4．使用 Vim 编辑器修改/etc/.bashrc 配置文件，在最后一行添加 "alias vi='/usr/bin/vim'"，以便自动设置 Vi 至 Vim 的命令别名。

5．使用 Vim 编辑器修改/root/.bashrc，配置文件，在最后一行添加 "setterm -background white -foreground black -store"。然后切换到第 4 个字符终端 tty4，并以 root 用户登录系统，注意命令行终端的颜色变化。

第 3 章　程序安装管理及安全维护

本章将学习如何在 ICICOS 中安装管理应用程序。

本章重点

■ ICICOS 中的软件封装类型

■ 源代码包编译安装程序

■ 软件安全维护

3.1　ICICOS 应用程序基础

本节将对 ICICOS 中应用程序的一些基本知识做一个介绍，内容包括了解 ICICOS 命令与应用程序的关系、ICICOS 应用程序的组成部分、软件包的封装类型等。

3.1.1　ICICOS 命令与应用程序的关系

在 ICICOS 中，命令和应用程序并没有特别明确的区别，从长期使用习惯来看，可以通过以下描述来对两者进行区别。

应用程序命令的执行文件大多比较小，通常放置在/bin 和/sbin 目录中，对于内部命令，常集成在 Bash 程序内，而不是独立地执行文件。

命令文件一般在安装操作系统时一起安装，用于辅助操作系统本身的管理。

命令行大多适用于"命令字 选项 参数"形式的一般格式。

命令只在字符操作界面中运行。

应用程序的执行文件通常放在/usr/bin、/usr/sbin 和/usr/local/bin、/usr/local/sbin 等目录中。

应用程序一般需要在操作系统之外再另行安装，提供相对独立于操作系统的功能，有时候等同于"软件"的概念。

应用程序一般没有固定的执行格式，运行方式由程序开发者自行定义。

应用程序可能会使用到图形界面，形式多样。

有些应用程序提供的执行文件，能够使用像 ICICOS Linux 命令一样的运行格式，所以经常被称为程序命令。

本章介绍的应用程序，将被视为将软件包安装到系统中后产生的各种文档，其中包括可执行文件、配置文件、用户手册等内容，这些文档将被组织为一个有机的整体，为用户提供特定的功能，因此，对于"安装软件包"与"安装应用程序"这两种说法，并不做严格的区分说明。

3.1.2　ICICOS 应用程序的组成

安装完一个软件包以后，可能会向系统中复制大量的数据文件，并进行相关设置，在

ICICOS 中，典型的应用程序通常由以下几部分组成。

① 普通的可执行程序文件，一般保存在"/usr/bin/"目录中，普通用户即可执行。

② 服务器程序、管理程序文件，一般保存在"/usr/sbin"目录中，只有管理员能执行。

③ 配置文件，一般保存在"/etc"目录中，配置文件较多时会建立相应的子目录。

④ 日志文件，一般保存在"/var/log"目录中。

⑤ 关于应用程序的参考文档等数据，一般保存在"/usr/share/doc/"目录中。

⑥ 执行文件及配置文件的 man 手册页，一般保存在"/usr/share/man/"目录中。

```
/usr/share/man/man1/rvim.1.gz
/usr/share/man/man1/vimdiff.1.gz
/usr/share/man/man1/vimtutor.1.gz
```

3.1.3 软件包的封装类型

对于各种应用程序的软件包，在封装时都可以采用各种不同的类型，不同类型的软件包其安装方法也各不相同，常见的软件包封装类型如下所述。

（1）RPM 软件包

这种软件包文件的扩展名为".rpm"，只能在使用 RPM（RPM package manager，RPM 软件包管理器）机制的操作系统中安装，如 RHEL、Fedora、Centos 等。RPM 软件包一般针对特定版本的系统量身定制，因此依赖性较强，安装 RPM 包需要使用系统中的 rpm 命令。

（2）DEB 软件包

这种软件包文件的扩展名为".deb"，只能在使用 DPKG（debian package，debian 包管理器）机制的 ICICOS 中进行安装，如 Debian、Ubuntu 等，安装 DEB 软件包需要使用系统中的 dpkg 命令。

（3）源代码软件包

这种软件包是程序员开发完成的原始代码，一般被制作成".tar.gz"".tar.bz2"等格式的压缩包文件，因多数使用 tar 命令打包而成，所以经常被称为"TarBall"。安装源代码软件包需要使用相应的编译工具，如 ICICOS 中的 C 语言编译器 gcc，由于大部分 ICICOS 中都安装有基本的编译环境，因此使用源代码软件包更加灵活。

（4）附带安装程序的软件包

这种软件包的扩展名不一，如 install.sh、setup 等，有时会以".bin"格式的单个安装文件形式出现，只需运行安装文件就可以根据向导程序的提示完成安装操作。

开放源代码的自由软件绝大多数选择以 TarBall 的形式发布，而 RPM 软件包、DEB 软件包等则使用了二进制的文件格式，代码相对比较封闭。在本章的后续内容中，主要介绍源代码软件包编译这种安装方式，在实验案例中会提供少量附带安装程序的软件包进行练习，但在理论部分中不再进行讲解。

3.2 从源代码编译安装程序

在 ICICOS 中搭建各种应用系统时经常需要对软件包进行编译安装，其实早期的 ICICOS

整体上都是编译安装而成的，本节将学习如何从源代码编译安装应用程序。

3.2.1　源代码编译概述

ICICOS 之所以能够在工业领域得到广泛的应用，其开放源代码的特性是很重要的原因之一，即 ICICOS 中包括内核在内的所有软件都可以获得源代码，并且可以经过定制修改后编译安装。

ICICOS 发行版本通常使用包管理机制对软件进行打包安装，这样省去了软件的编译安装过程，大大简化了 ICICOS 的安装和使用难度。但是有些情况下，仍然需要使用源代码编译的方式为系统安装新的应用程序，如以下几种情况。

① 安装较新版本的应用程序时。大多数的 ICICOS 发行版本都提供了相当丰富的应用程序，而这些程序的版本往往滞后于该软件的最新源代码版本，因为大多数的开源软件总是以源代码的形式最先发布，之后才会逐渐出现.rpm、.deb 等二进制封装的版本，下载应用程序的最新源代码包并编译安装，可以在程序功能、安全补丁等方面得到及时更新。

② 当前安装的程序无法满足应用需求时。对于 RPM 格式封装的应用程序，一般只包含了该软件所能实现的一小部分功能，而难以由用户自行修改、定制。通过对程序的源代码进行重新配置并编译安装后，可以定制更灵活、更丰富的功能。许多 ICICOS 服务器程序都采用源代码编译的方式进行安装，以获得更适合于企业实际应用需求的服务。

③ 为应用程序添加新的功能时。当需要利用现有的程序源代码进行适当的修改，以便增加新的功能时，必须释放出该软件的源代码，修改后再重新编译安装。

从以上几点可以看出，应用程序的源代码编译安装为使用者提供了更加灵活的程序功能定制途径，这也是开发源代码软件的魅力所在。

编译源代码需要有相应的开发环境，对于自由软件来说，gcc 和 make 是最佳的编译工具，gcc 和 make 是由 GNU 项目所贡献的功能强大的 C/C++语言编译器，在全世界的自由软件开发者中广受欢迎，由于安装 gcc、make 编译环境的依赖包太多，因此建议在首次安装 ICICOS 时一并安装，ICICOS 默认使用的 gcc 工具版本为 4.4.7，make 工具版本为 3.81。例如，执行以下操作可以查看 gcc 和 make 开发工具的版本信息。

```
root@ICICOS: ~ # gcc --version
gcc  (GCC)  4.4.7  20120313  (Red Hat 4.4.7-4)
Copyright © 2010 Free Software Foundation, Inc.
本程序是自由软件；请参看源代码的版权声明。本软件没有任何担保；
包括没有适销性和某一专用目的下的适用性担保。
root@ICICOS: ~ # make --verstion
GUN Make 3.81
Copyright (c) 2006 Free Software Foundation, Inc.
This is free software; see the source for copying conditions.
Three is NO warranty; not even for MERCHANTABILITY or FITNESS FOR A PARTICULAR PURPOSE.
This program built fot x86_64-redhat-ICICOS gnu
```

3.2.2 编译安装的基本过程

获得所需安装的软件源代码以后，安装的基本过程包括解包、配置、编译及安装这几个通用步骤，如图 3-1 所示，大多数开源软件的安装都遵循这个过程。当然，这四个步骤并不是一成不变的，实际安装时应参考软件自带的相关文档（如 Install、Readme）。

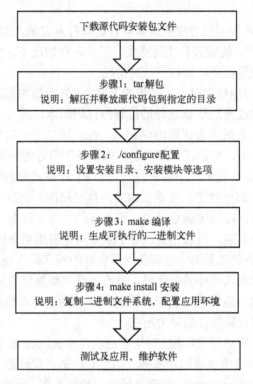

图 3-1　从源代码编译安装程序的基本过程

本节将以编译方式升级安装 Vim8.0 软件为例，说明应用程序的源代码编译安装过程。

```
root@ICICOS: ~ # ll vim-8.0.tar.bz2
-rwxrw-rw- 1 root root 10637407 12 月  21 10:16 vim-8.0.tar.bz2
```

对于互联网中下载的软件包，建议使用 md5sum 命令工具检查 MD5 校验和。例如，执行"md5sum vim-8.0.tar.bz2"操作后可计算出 vim-8.0.tar.bz2 软件包文件的 MD5 校验和为"457543a7754b0d3c1c0aa4d4c3bb4070"，将其与软件官方提供的校验值进行比较，若相同则说明该软件包在网络传输过程中没有被非法改动；对于校验和不一致的软件包，尽量不要使用，以免带来病毒、木马等不安全因素。

```
root@ICICOS: ~ # md5sum vim-8.0.tar.bz2
457543a7754b0d3c1c0aa4d4c3bb4070    vim-8.0.tar.bz2
```

下面依次介绍编译安装 Vim8.0 的基本安装过程、使用方法。

1. 解包

开源软件的源代码包一般为 TarBall 形式，扩展名为".tar.gz"或".tar.bz2"，都可以使用 tar 命令进行解压释放。对于只有".gz"扩展名的源代码包，表示只经过压缩而来并未使用 tar 归档，这样的文件只需使用 gzip 进行解压缩即可。在 ICICOS 中，通常将各种软件的源代码目录保存到"/usr/src/"目录中，以便于集中管理，释放后的软件包目录一般会包括软件名和版本信息（如 Vim8.0）。解包前先安装编译环境和依赖包。

以下操作将把 vim-8.0.tar.bz2 文件解包到/usr/src/目录中。

```
root@ICICOS: ~ #    tar -jxf vim-8.0.tar.bz2 -C /usr/src/
root@ICICOS: ~ #    ls /usr/src/
debug    kernels    vim8.0
```

2. 配置

在编译应用程序之前，需要进入源代码目录，对软件的安装目录、功能选择等参数进行预先配置。

配置工作通常由源代码目录中的"configure"脚本文件来完成，可用的各种配置参数可以通过在源代码目录中执行"configure --help"进行查看，对不同的软件程序来说，其配置参数会存在区别，但是有一个"--prefix"形式的参数却是大多数开源软件通用的，该配置参数用于指定软件包安装的文件夹。如果没有指定配置参数，"configure"脚本采用软件默认的值进行配置。在 ICICOS 中通过源代码方式安装软件时，也可以将所有程序文件安装到同一个文件夹（如./configure --prefix=/usr/local/vim8.0）中，这样当需要卸载软件时，直接将该文件夹删除即可，非常方便（某些软件也可以在源代码目录中执行"make uninstall"完成卸载）。

如果软件的功能比较复杂，配置过程会需要一定的时间，期间会在大屏幕中显示大量的输出信息，这些信息可以帮助管理员了解程序配置的过程，配置结果将保存到源代码目录中的 Makefile 文件中，如果配置过程出现错误，通常是缺少相关的依赖软件包所致，只要根据提示安装对应的软件即可。

```
[root@ICICOS: ~ vim8.0] # ./configure
```

注意：如此处出现缺少 ncurses，需使用安装光盘安装 ncurses-devel-5.7-3.20090208.el6. x86_64.rpm（基于文本终端窗口功能的动态库）包后再重新编译配置。

3. 编译

编译的过程只需要根据 Makefile 文件内（因此，若上一步的配置操作失败，将无法进行编译）的配置信息，将源代码文件进行编译而生成二进制的程序模块、动态链接库、可执行文件等，配置完成后，只要在源代码目录执行"make"命令即可执行编译操作，编译的过程比配置需要更长的时间，期间同样会显示大量的执行过程信息。

```
[root@ICICOS: ~ vim8.0] # make
```

4. 安装

编译完成后，就可以执行"make install"命令将软件的执行程序、配置文件、帮助文档等相关文件复制到 ICICOS 中了，即应用程序的最后"安装"过程，安装过程需要的时间相对要短一些，期间也会显示安装的过程信息。

有时为了简便起见，上述的编译、安装步骤可以写成一行命令执行，中间使用"&&"符号分离即可。例如，"make && make install"表示"make"命令执行成功后再执行"make install"命令，否则将忽略"make install"命令。

```
[root@ICICOS: ~ vim8.0] # make install
```

5．使用

修改系统环境变量的默认路径使 Vim8.0 可以在任何路径下打开执行。

```
[root@ICICOS: ~ vim80] # export PATH=/usr/local/bin/:$PATH:.
[root@ICICOS: ~ vim80] # vim –version

VIM - Vi IMproved 8.0 (2020 Sep 12, compiled Mar 28 2019 16:02:32)
包含补丁: 1-69
编译者  root@ICICOS
巨型版本  无图形界面。    可使用(+)与不可使用(-)的功能:
…// 省略部分内容
```

3.3 软件安全维护

软件维护对系统安全极其重要。及时更新系统及升级软件，可以防止攻击者使用已知漏洞渗透系统。

3.3.1 只安装最少的软件

建议只安装要使用的软件包，因为每个软件都可能包含漏洞。如果要从 DVD 光盘安装，选择在安装过程中要安装的软件包。如果需要另一个包，可以稍后将其添加到系统中。

3.3.2 计划和配置安全更新

所有软件都包含错误。通常，这些错误会导致系统暴露给恶意用户。未打补丁的系统是计算机入侵的常见原因，应该有计划地及时安装安全补丁程序以关闭这些漏洞，使其无法被利用。配置自动安装安全更新是一个好的方法，但确实也会带来一些风险，自动更新可能会导致与原有配置或系统上的其他软件发生冲突。

对于企业用户，安全更新应该先进行测试并做安装计划，避免出现程序兼容性等问题。

3.3.3 调整自动更新

ICICOS 配置为按每日计划应用所有更新。如果希望改变安装更新的计划，必须通过软件更新首选项进行。可以改变计划、要应用的更新类型，或通知可用的更新。

3.3.4 从知名的软件仓库安装签名包

软件包通过软件仓库发布。所有知名的软件仓库都支持数字签名包。数字签名包使用公钥技术来保证发布的包自应用签名以来未被更改，这可避免被恶意更改的软件被安装。不可靠的软件仓库或包含未签名包的软件仓库会导致将恶意或易受攻击的代码引入系统。添加时避免将不安全的软件仓库添加到 yum 软件更新。

3.4　实验案例：为 ICICOS 主机安装应用程序

1．实验环境

管理员已经在服务器中安装了 ICICOS，并熟悉了命令环境及目录、文件管理基本命令的使用，为了扩展服务器功能，需要为其安装提供 FTP 服务的应用程序。

2．需求描述

① 编译安装 vsftpd 软件包。

② 创建所需的目录，用户和组。

3．推荐步骤

① 使用 install 命令编译安装 vsftpd 软件包。

② 使用 useradd 命令创建 FTP 用户。

③ 使用 groupadd 命令创建 FTP 组，并将创建好的用户加入组。

3.5　本章总结

- 应用程序由执行程序、配置文件、帮助文件等部分组成。
- 软件包封装类型包括 RPM 软件包、DEB 软件包、源代码软件包、附带安装程序的软件包。
- 在 ICICOS 中编译源代码需要使用 gcc、make 编译环境。
- 从源代码包安装应用程序的基本过程包括解包、配置、编译、安装这四个步骤。

3.6　章节自测

一、选择题

从源代码编译应用程序的基本过程中，以下（　　　）用于将源代码文件编译生成执行程序。

　　A．--./configure

　　B．--make

　　C．--make install

　　D．--make uninstall

二、简答题

1．常见的软件包封装类型有哪些？各有什么特点？

2．简述从源代码包编译安装应用程序的基本过程。

第4章 账号和文件权限管理及安全

作为一个多用户、多任务的服务器操作系统，ICICOS 提供了严格的权限管理机制，主要从用户身份、文件权限两方面对资源访问进行限制。本章将分别学习 ICICOS 中用户和组账号的管理、文件权限和归属的管理。

本章重点
- 添加、删除、修改用户账号
- 设置目录和文件的权限
- 设置目录和文件的归属
- 账号安全
- 文件权限安全

4.1 管理用户账号和组账号

4.1.1 用户账号和组账号概述

与 Windows 操作系统相比，ICICOS 中的用户账号和组账号的作用在本质上是一样的，同样都是基于用户身份来控制对资源的访问，只不过在表现形式及个别细节方面存在些许差异。本节将介绍 ICICOS 中用户账号和组账号的相关概念。

1. 用户账号

在 ICICOS 中，根据系统管理的需要将用户账号分为不同的类型，其拥有的权限、担任的角色也各不相同，主要包括超级用户、普通用户和程序用户。

（1）超级用户

root 用户是 ICICOS 中默认的超级用户账号，对本主机拥有至高无上的权限，类似于 Windows 系统中的 Administator 用户，只有当进行系统管理、维护任务时，才建议使用 root 用户登录系统，日常事务处理建议只使用普通用户账号。

（2）普通用户

普通用户账号需要由 root 用户或其他管理员用户创建，拥有的权限受到一定限制，一般只在用户自己的宿主目录中拥有完整权限。

（3）程序用户

在安装 ICICOS 及部分应用程序时，会添加一些特定的低权限用户账号，这些用户一般不允许登录到系统，而仅用于维持系统或某个程序的正常运行，如 bin、daemon、ftp、mail 等。

2. 组账号

基于某种特定联系（如都需要访问 FTP 服务）将多个用户集合在一起，即构成一个用户组，用于表示该组内所有用户的账号称为组账号。每一个用户账号至少属于一个组，这个组称为该用户的基本组（或私有组）；若该用户同时还包括在其他的组中，则这些组称为该用户的附加组（或公共组）。例如，用户 zhangsan 是技术部的员工，与部门内的其他同事同属于基本组 tech，后来因工作安排需要，公司将 zhangsan 加入到邮件管理员组 mailadm 中。则此时用户 zhangsan 同时属于 tech、mailadm 组，tech 组是其基本组账号，而 mailadm 组是其附加组账号。

对组账号设置的权限，将适用于组内的每一个用户账号。

3. UID 和 GID 号

ICICOS 中的每一个用户账号都有一个数字形式的身份标记，称为 UID（user identity，用户标识号），对于系统核心来说，UID 作为区分用户的基本依据，原则上每个用户的 UID 号应该是唯一的，root 用户账号的 UID 号为固定值 0，而程序用户账号的 UID 号默认为 1~499，500~60000 的 UID 号默认分配给普通用户使用。

与 UID 相类似，每一个组账号也有一个数字形式的身份标记，称为 GID（group identity，组标识号）。root 组账号的 GID 号为固定值 0，而程序组账号的 GID 号默认为 1~499，500~60000 的 GID 号默认分配给普通组使用。

4.1.2　用户账号管理

ICICOS 中的用户账号、密码等信息均保存在相应的配置文件中，直接修改这些文件或者使用用户管理命令可以对用户账号进行管理。

1. 用户账号文件

与用户账号相关的配置文件主要有两个，分别是/etc/passwd、/etc/shadow。前者用于保存用户名称、宿主目录、登录 Shell 等基本信息。后者用于保存用户的密码、账号有效期等信息，在这两个配置文件中，每一行对应一个用户账号，不同的配量项之间使用冒号"："进行分隔。

（1）passwd 文件中的配置行格式

系统中所有用户的账号基本信息都保存在"/etc/passwd"文件中，该文件是文本文件，任何用户都可以读取文件中的内容。例如，以下操作可分别查看/etc/passwd 文件开头、末尾的几行内容。

```
root@ICICOS: ~ # head -2 /etc/passwd
root:x:0:0:root:/root:/bin/bash
bin:x:1:1:bin:/bin:/sbin/nologin
root@ICICOS: ~ # tail -1 /etc/passwd
teacher:x:500:500:teacher:/home/teacher:/bin/bash
```

在 passwd 文件开头的部分，包括超级用户 root 及各程序用户的账号信息，系统中新增加的用户账号信息将保存到 passwd 文件的末尾，passwd 文件的每一行内容中，包含了七个用冒号"："分隔的配置字段，从左到右各配置字段的含义分别如下所述。

第 1 字段：用户账号的名称，也是登录系统时使用的识别名称。

第 2 字段：经过加密的用户密码字串，或者密码占位符"x"。

第 3 字段：用户账号的 UID 号。

第 4 字段：所属基本组账号的 GID 号。

第 5 字段：用户全名，可填写与用户相关的说明信息。

第 6 字段：宿主目录，即该用户登录后所在的默认工作目录。

第 7 字段：登录 Shell 等信息，用户完成登录后使用的 Shell。

基于系统运行和管理的需要，所有用户都可以访问 passwd 文件中的内容，但是只有 root 用户才能进行更改。在早期的 Unix 操作系统中，用户账号的密码信息也是保存在 passwd 文件中的，不法用户可以获取密码字串进行暴力破解，这样一来账号安全就存在一定的隐患，因此后来将密码转存入专门的 shadow 文件中，而 passwd 文件中仅保留密码占位符 "x"。

（2）shadow 文件中的配置行格式

shadow 文件又被称为 "影子文件"，其中保存有各用户账号的密码信息，因此对 shadow 文件的访问应该进行严格限制，默认只有 root 用户能够读取文件中的内容，而不允许直接编辑该文件中的内容。例如，以下操作可分别查看/etc/shadow 文件开头、末尾的几行内容。

```
root@ICICOS: ~ # head -2 /etc/shadow
root:$1$55HB4pbx$acHqk4lZiHTZ9cw0ZJe8f0:14374:0:99999:7:::
bin:*:14374:0:99999:7:::
root@ICICOS: ~ # tail -1 /etc/shadow
teacher:$1$BT7teaYX$s2sr6uFUwKhtU.8/8VpzB1:14374:0:99999:7:::
```

shadow 文件的每一行内容，包含了九个用冒号 "：" 分隔的配置字段，从左到右各配置字段的含义分别如下所述。

第 1 字段：用户账号名称。

第 2 字段：使用 MD5 加密的密码字串信息，当为 "*" 或 "!!" 时表示此用户不能登录到系统。若该字段内容为空，则该用户无需密码即可登录系统。

第 3 字段：上次修改密码的时间，表示从 1970 年 01 月 01 日算起到最近一次修改密码时间隔的天数。

第 4 字段：密码的最短有效天数，自本次修改密码后，必须至少经过该天数才能再次修改密码。默认值为 0，表示不进行限制。

第 5 字段：密码的最长有效天数，自本次修改密码后，经过该天数以后必须再次修改密码。默认值为 99999 表示不进行限制。

第 6 字段：提前多少天警告用户口令将过期，默认值为 7。

第 7 字段：在密码过期之后多少天内禁用此用户。

第 8 字段：账号失效时间，此字段指定了用户作废的天数（从 1970 年 01 月 01 日起计算），默认值为空，表示账号永久可用。

第 9 字段：保留字段，目前没有特定用途。

2. 添加、删除、修改用户账号

（1）useradd 命令——添加用户账号

useradd 命令可以用于添加用户账号，其基本的命令格式如下所示。

```
useradd  [选项]  用户名
```

最简单的用法是，不添加任何选项，只使用用户名作为 useradd 命令的参数，按系统默认配置建立指定的用户账号。在 ICICOS 中，使用 useradd 命令添加用户账号时主要完成以下几项任务。

在/etc/passwd 文件和/etc/shadow 文件的末尾增加该用户账号的记录。

若未明确指定用户的宿主目录，则在/home 目录下自动创建与该用户账号同名的宿主目录，并在该目录中建立用户的各种初始配置文件。

若没有明确指定用户所属的组，则自动创建与该用户账号同名的基本组账号，组账号的记录信息将保存到/etc/group、/etc/gshadow 文件中。

例如，执行以下操作可以创建名为 test 的用户账号，并通过查看 passwd、shadow 文件和/home 目录来确认新增用户账号时的变化。

```
root@ICICOS: ~#useradd test
root@ICICOS: ~#tail -1 /etc/passwd
test:x:502:502::/home/test:/bin/bash
root@ICICOS: ~#tail -1 /etc/shadow
test:!!:15017:0:99999:7:::
root@ICICOS: ~#ls -A /home/test/        //确认自动创建的用户目录
.bash_logout        .bash_profile        .bashrc        .gnome2
```

如果结合 useradd 命令的各种选项，可以在添加用户账号的同时对 UID 号、宿主目录、登录 Shell 等相关属性进行指定。以下列出了 useradd 命令中用于设置账号属性的几个常见选项。

- -u：指定用户的 UID 号，要求该 UID 号码未被其他用户使用。
- -d：指定用户的宿主目录位置（当与-M 一起使用时，不生效）。
- -e：指定用户的账户失效时间，可使用 YYYY-MM-DD 的日期格式。
- -g：指定用户的基本组名（或使用 GID 号）。
- -G：指定用户的附加组名（或使用 GID 号）。
- -M 不建立宿主目录，即使/etc/login.defs 系统配置中已设定要建立宿主目录。
- -S，指定用户的登录 Shell。

上述的各个选项可以组合使用。例如，执行以下操作可以创建一个辅助管理员账号。admin，将其基本组指定为"wheel"，附加组指定为 root，宿主目录指定为"/admin"。

```
root@ICICOS: ~ # useradd -d /admin -g wheel -G root admin
```

在账号管理工作中，有时候会希望在新建账号的同时指定该账号的有效期限，或者要求新建的账号不能登录系统（如仅用于访问 FTP 服务），这时可分别使用"-e"，"-s"选项。例如，执行以下操作可以创建一个名为 b_down 的 FIP 账号（禁止终端登录），该账号将于 2020—12—31 失效。

```
root@ICICOS: ~ # useradd -e 2020-12-31 -s /sbin/nologin b_down
```

（2）passwd 命令——为用户账号设置密码

通过 useradd 命令新增用户账号以后，还需要为其设置一个密码才能够正常使用。使用 passwd 命令可以设置或修改密码，root 用户有权管理其他账号的密码（指定账号名称作为参数即可）。例如，执行"passwd test"命令可为 test 账号设置登录密码，要根据提示重复输入两次。

```
root@ICICOS: ~ # passwd test
Changing password for user test.
New UNIX password:
Retype new UNIX password:
passwd:all authentication tokens updated successfully.
```

　　用户账号具有可用的登录密码以后，就可以从字符终端进行登录了。虽然 root 用户可以指定用户名作为参数，对指定账号的密码进行管理，但是普通用户却只能执行单独的"passwd"命令修改自己的密码。

　　对于普通用户自行设置的密码，要求具有一定的复杂性（如不要直接使用英文单词，长度保持在六位以上），否则系统可能拒绝进行设置，普通用户设置自身的登录密码时，需要先输入旧的密码进行验证。例如，以下操作是用户 test 更改登录密码的过程。

```
root@ICICOS: ~$ passwd
Changing password for user test.
Changing password for test
(current) UNIX password:
New UNIX password:              //需输入旧的密码进行验证
Retype new UNIX password:
passwd:all authentication tokens updated successfully.
```

　　使用 passwd 命令除了可以修改账号的密码以外，还能够对用户账号进行锁定、解锁，或者也可以将用户的密码设置为空（无需密码即可登录）。相关的几个选项如下所述。

- -d：清空指定用户的密码，仅使用用户名即可登录系统。
- -l：锁定用户账户。
- -S：查看用户账户的状态（是否被锁定）。
- -u：解锁用户账户。

　　通过 passwd 命令锁定的用户账号，将无法再登录系统（shadow 文件中的对应密码字串前将添加"||"字符），只能由管理员来解除锁定。例如，以下操作分别用于锁定、解锁用户账号 test。

```
root@ICICOS: ~ # passwd -1 test       //锁定账号
Locking password for user test.
passwd:Success
root@ICICOS: ~ # passwd -S test       //查看锁定的账号状态
test LK 2022-23-12 0 99999 7 -1 (Password locked.)
root@ICICOS: ~ # passwd -u test       //解锁账号
Unlocking password for user test.
passwd:Success.
root@ICICOS: ~ # passwd -S test       //查看解锁的账号状态
test PS 2022-04-23 0 99999 7 -1 (Password set,SHA512 crypt.)
```

　　（3）useradd 命令——修改用户账号属性

　　对于系统中已经存在的用户账号，可以使用 useradd 命令重新设置各种属性。useradd 命令同样需要指定账号名称作为参数，较常使用的几个选项如下所述。

- -u：修改用户的 UID 号。
- -d：修改用户的宿主目录位置。
- -e：修改用户的账户失效时间，可以使用 YYYY—MM—DD 的日期格式。
- -g：修改用户的基本组名（或使用 GID 号）。
- -G：修改用户的附加组名（或使用 GID 号）。
- -s：指定用户的登录 Shell。
- -l：更改用户账号的登录名称（login name）。
- -L：锁定用户账户。
- -U：解锁用户账户。

使用 usermod 命令时，其大部分的选项与 useradd 命令的选项是相对的，作用也相似。除此以外，还有两个选项 "-L" "-U"，分别用于锁定、解锁用户账号。这两个选项与 passwd 命令的 "-l" "-u" 选项作用基本相同，只不过存在大小写区别。

若要修改已有账号的宿主目录，需要先将该账号原有的宿主目录转移到新的位置，然后再通过 usermod 命令设置新的宿主目录。例如，执行以下操作可以将 admin 用户的宿主目录由/admin 转移至/home/admin。

```
root@ICICOS: ~ # mv /admin /home/
root@ICICOS: ~ # usermod -d   /home/admin admin
```

通过 usermod 命令同样可以对账号进行锁定、解锁操作，经 useradd 命令锁定的账号也不能登录系统（shadow 文件中的对应密码字串前将添加 "!" 字符）。例如，以下操作分别用于鉴定、解锁用户账号 admin。

```
root@ICICOS: ~ # usermod -L admin              // 锁定账号
root@ICICOS: ~ # passwd -S admin               //查看账号锁定状态
admin LK 2022-04-23 0 99999 7 -1 (Password locked.)
root@ICICOS: ~ # usermod -U admin              //解锁账号
```

若需要修改账号的登录名称，可以使用 "-l" 选项。例如，执行以下操作可以将 admin 用户的登录名改为 webmaster，下次登录时生效。

```
root@ICICOS: ~ # usermod -1 webmaster admin
root@ICICOS: ~ # grep  " admin "  /etc/passwd
webmaster:x:505:10::/home/admin:/bin/bash
```

（4）userdel 命令——删除用户账号

当系统中的某个用户账号已经不再需要使用时（如该员工已经从公司离职等情况），可以使用 userdel 命令将该用户删除。使用该命令也需要指定账号名称作为参数，结合 "-r" 选项可同时删除宿主目录。例如以下操作将删除名为 test 的用户账号，同时删除其宿主目录/home/test。

```
root@ICICOS: ~ # userdel -r test
root@ICICOS: ~ # ls -1d /home/test      //确认宿主目录是否已删除
ls: /home/test: 没有那个文件或目录
```

3．用户账号的初始配置文件

添加一个新的用户账号后，useradd 命令会在该用户的宿主目录中建立一些初始配置文件。这些文件来自账号模板目录"/etc/akel/"，基本上都是隐藏文件，较常用的初始配置文件包括".bash_logout"".bash_profile"".bashrc"。其中，".bash_profile"文件中的命令将在该用户每次登录时被执行；".bashrc"文件中的命令会在每次加载"/bin/bash"程序时（当然也包括登录系统）执行；而".bash_logout"文件中的命令将在用户每次退出登录时执行。理解这些文件的作用，可以方便安排一些自动运行的后台管理任务。

在".bashrc"等文件中，可以添加用户自己设置的可执行语句（ICICOS 命令行、脚本控制语句等），以便自动完成相应任务。例如，希望为所有用户添加登录后自动运行的命令程序、自动设置变量等，可以直接修改"/etc"目录下的类似文件，如"/etc/bashrc""/etc/profilr"文件。例如，执行以下操作可以为所有用户自动设置 myls 命令别名。

```
root@ICICOS: ~ # vim /etc/bashrc
…// 省略部分内容
aliss   myls='/bin/ls -lhr'
```

4.1.3　组账号管理

在 4.1.2 节中学习了管理 ICICOS 中用户账号的相关命令，接下来继续学习组账号管理的相关命令，对组账号管理命令的使用相对较少，主要包括有 groupadd、groupdel、gpasswd 等命令。

对于用户账号来说，对应的组账号可分为基本组和附加组两种类型。一个用户账号可以是多个组账号的成员，但是其基本组账号只有一个。在"/etc/passwd"文件中第 4 个字段记录的即为该用户的基本组 GID 号，而对于该用户还属于哪些附加组，则需要在对应组账号的文件中才被体现。

1．组账号文件

与组账号相关的配置文件也有两个，分别是/etc/group、/etc/gshadow。前者用于保存组账号名称、GID 号、组成员等基本信息，后者用于保存组账号的加密密码字串等信息（但是很少使用到）。某一个组账号包含哪些用户成员，将会在 group 文件内最后一个字段中体现出来（基本组对应的用户账号默认可能不会列出），多个组成员之间使用逗号","分隔。例如，执行以下操作可分别获知 root 组包括哪些用户成员、哪些组中包含 root 用户。

```
root@ICICOS: ~ # grep  " ^root " /etc/group      //检索 root 组包括哪些用户
root:x:0:
root@ICICOS: ~ # grep  " root " /etc/group       //检索哪些组包括 root 用户
root:x:0:
```

2．添加、删除、修改组账号

（1）groupadd 命令——添加组账号

使用 groupadd 命令可以添加一个组账号，需要指定 GID 号时，可以使用"-g"选项。例如，执行"groupadd class01"命令可以添加一个名为 class01 的组账号。

```
root@ICICOS: ~ # groupadd class01
root@ICICOS: ~ # tail -1 /etc/group
class01:x:503:
```

（2）gpasswd 命令——添加、设置、删除组成员

gpasswd 命令本来是用于设置组账号的密码，但是该功能极少使用，实际上该命令更多地用来管理组账号的用户成员，需要添加、删除成员用户时，可分别使用"-a""-d"选项。例如，以下操作分别用于向 root 组中添加成员用户 mike，删除成员用户 webmaster。

```
root@ICICOS: ~ # gpasswd -a mike root
Adding user mike to group root
root@ICICOS: ~ # groups mike          //确认 mike 用户已加入 root 组
mike:mike root
root@ICICOS: ~ # gpasswd -d webmaster root
Removing user webmaster from group root
root@ICICOS: ~ # groups webmaster      //确认 webmaster 用户已退出 root 组
webmaster:webmaster wheel
```

如果需要同时指定组账号的所有成员用户，可以使用"-M"选项。例如，以下操作可以指定组账号 adm 中 root、adm、daemon、webmaster、mike 这五个成员用户。

```
root@ICICOS: ~ # gpasswd -M root,adm,daemon,webmaster,mike adm
root@ICICOS: ~ # grep  " ^adm "  /etc/group
adm:x:4:root,adm,daemon,webmaster,mike
```

（3）groupdel 命令——删除组账号

当系统中的某个组账号已经不再使用时，可以使用 groupdel 命令将该组账号删除。而添加指定的组账号名称作为参数。例如，若要删除组账号 class01，可以执行以下操作。

```
root@ICICOS: ~ # groupdel class01
```

4.1.4　查询账号信息

在用户管理工作中，虽然直接查看用户账号，组账号的配置文件也可以查询相关信息，但是并不是很直观，在 ICICOS 中，还可以使用几个常用的查询命令工具，如 id、 groups、finger、users 等，本节主要介绍其余几个查询命令的使用。

1. groups 命令——查询用户账号所属的组

使用 groups 命令可以查看指定的用户账号属于哪些组。例如，以下操作分别显示出当前用户（root）和 doemon 用户所属的组账号信息。

```
root@ICICOS: ~ # groups
root
root@ICICOS: ~ # groups daemon
daemon :daemon bin adm lp
```

2. id 命令——查询用户账号的身份标识

使用 id 命令可以快速查看指定用户账号的 UID、GID 等标识信息。例如，执行"id root"命令可以查看 root 账号的用户 ID 号、组 ID 号，以及所在的附加组 ID 号，在输出结果中，gid 和 groups 部分第 1 个组账号对应该用户的基本组，groups 部分的其他组账号为该用户的附加组。

```
root@ICICOS: ~ # id root
uid=0(root) gid=0(root) groups=0(root),1(bin),2(daemon),3(sys),4(adm),6(dish),10(wheel)
```

3. w 命令——查询当前主机的用户登录情况

使用 w 命令可以查询当前主机中的用户登录情况，列出登录账号名称、所在终端、登录时间、来源地点等信息。

```
root@ICICOS: ~ # w
01:15:37 ip 16 min, 3 users, load average: 0.00, 0.02, 0.08
USER        TTY     FROM      LOGIN@    IDIE    JCPU    PCPU    WHAT
teacher     tty1    -                   01:02   13:23   0.07s   -bash
root        pts/0   192.168.1.1         01:01   0.00s   0.20s   w
```

4.2　管理目录和文件的属性

在 ICICOS 文件系统的安全模型中，为系统中的文件（或目录）赋予了两个属性：访问权限和文件所有者，简称为"权限"和"归属"。其中，访问权限包括读取、写入、可执行三种基本类型，归属包括属主（拥有该文件的用户账号）、属组（拥有该文件的组账号）。ICICOS 根据文件或目录的访问权限、归属来对用户访问数据的过程进行控制。

下面讲解的内容中，查看或更改权限、归属的命令对目录和文件同样适用。需要注意的是，由于 root 用户是系统的超级用户，拥有完全的管理权限，因此在练习相关命令操作时建议不要以 root 用户作为限制对象，否则可能会看不到效果。

4.2.1　查看目录和文件的属性

使用带 "-1" 选项的 ls 命令时，将以长格式显示出文件或目录的详细信息，其中包括了该文件的权限和归属等参数，例如，执行以下操作可以列出/etc 目录和/etc/passwd 文件的详细属性。

```
root@ICICOS: ~ # ls -ld /etc /etc/passwd
drwxr-xr-x. 119 root root 12288 5 月        9 17:33 /etc
-rw-r--r--.   1 root root 1687 5 月         9 17:33 /etc/passwd
```

在上述输出信息中，第 3、4 个字段的数据分别表示该文件（或目录）的属主、属组，上例中 "/etc" 目录和 "/etc/passwd" 文件都属于 root 用户、root 组；而第 1 个字段的数据表示该文件（或目录）的访问权限，如 "drwxr-xr-x" 和 "-rw-r--r--"。权限字段由四部分组成，各自的含义如下所述。

第 1 个字符：表示该文件的类型，可以是 d（目录）、b（块设备文件）、c（字符设备文件）、"-"（普通文件）、字母 "1"（链接文件）等。

第 2~4 个字符：表示该文件的属主用户（User）对该文件的访问权限。

第 5~7 个字符：表示该文件的属组内各成员用户（Group）对该文件的访问权限。

第 8~10 个字符：表示其他任何用户（Other）对该文件的访问权限。

第 11 个字符：这里的"."与 SELinux 有关，目前不必关注。

在表示属主、属组内用户或其他用户对该文件的访问权限时，主要使用了三种不同的权限字符：r、w、x，分别表示可读、可写、可执行。若需要去除对应的权限，则使用"-"表示。例如，root 用户对"/etc"目录具有可读、可写、可执行的完全权限（rwx），其他任何用户对"/etc"目录只具有可读可执行的权限（r-x）；root 用户对"/etc/passwd"文件具有可读、可写权限（rw-），root 组内的各用户对"/etc/passwd"文件只具有可读权限（r--）。

权限字符 r、w、x 用于文件表示可读、可写、可执行，但是其对于目录来说，具体含义是存在一些差别的，如表 4-1 所示。例如，用户只要对目录有写入权限，就可以删除该目录下任何文件或子目录，而不管这些文件或子目录是否属于该用户。

表 4-1　权限字符在文件和目录中的含义

权　限	文　件	目　录
r	查看文件内容	查看目录内容（显示子目录、文件列表）
w	修改文件内容	修改目录内容（在目录中新建、移动、删除文件或子目录）
x	执行该文件（程序或脚本）	执行 cd 目录进入或退出该目录

若用户在对要访问的文件或目录中不具备相应的权限，则操作将会被拒绝。例如，当普通用户 mike 尝试查看"/etc/shadow"文件时，将会提示"权限不够"而被拒绝。

```
mike@ICICOS: ~$ ls -l /etc/shadow
-------------- 1 root root 1322 05-12 02:19 /etc/shadow
mike@ICICOS: ~$ cat /etc/shadow
cat: /etc/shadow: 权限不够
```

4.2.2　设置目录和文件的权限

需要设置文件或目录的权限时，主要通过 chmod 命令进行。在设置针对每一类用户的访问权限时，可采用两种形式的权限表示方法：字符形式和数字形式。r、w、x 权限字符可分别表示为八进制数字 4、2、1，表示一个权限组合需要将数字进行累加。例如，"rwx"采用累加数字形式表示成"7"，"r-x"采用累加数字形式表示成"5"；而"rwxr-x-r-x"由三个权限段组成，因此可表示成"755"，"rw-r--r--"可以表示成"644"。

使用 chmod 命令设置文件或目录的权限时，基本命令格式如下所述。

```
chmod [ugoa…] [+-=] [rwx] 文件或目录
```

或者

```
chmod nnn 文件或目录…
```

上述格式中，字符组合"[ugoa...] [+-=] [rwx]"或数字组合"nnn"的形式表示要设置的权限模式。其中，"nnn"为需要设置的具体权限值，如"755""644"等；而"[ugoa...] [+-=] [rwx]"的形式中，三个组成部分的含义及用法如下所述。

- "ugoa"表示该权限设置所针对的用户类别。"u"代表文件属主，"g"代表文件属组内的用户，"o"代表其他任何用户，"a"代表所有用户（u、g、o 的总和）。
- "+-="表示设置权限的操作动作。"+"代表增加相应权限，"-"代表减少相应权限，"="代表仅设置对应的权限。
- "rwx"是权限的字符组合形式，也可以拆分使用，如"r""rx"等。

下面的操作将 mkdir 命令程序复制为 mymkdir，并通过去除 mymkdir 文件的"x"权限来验证可执行权限的变化。

```
root@ICICOS: ~ # cp /bin/mkdir mymkdir
root@ICICOS: ~ # ls -l mymkdir
-rwxr-xr-x 1. root root 29852 Apr 29　03:15 mymkdir
root@ICICOS: ~ # ./mymkdir dir01    //可以使用 mymkdir 程序新建文件夹
root@ICICOS: ~ # ls -ld dir01
drwxr-xr-x. 2 root root 4096 Apr 29　03:16 dir01
root@ICICOS: ~ # chmod ugo-x mymkdir   //删除所有的"x"权限，也可以改用"a-x"
root@ICICOS: ~ # ls -l mymkdir
-rw-r--r--. 1 root root 29852 Apr 29　03:15 mymkdir
root@ICICOS: ~ # ./mymkdir dir02    //因缺少"x"权限，mymkdir 无法执行
-bash: ./mymkdir: Permission denied
```

需要将不同类别的用户对文件或目录的权限设置为不同值时，可以用逗号进行分隔。例如，执行以下操作可以调整 mymkdir 文件的权限，为属主用户添加执行权限，删除其他用户的读取权限。

```
root@ICICOS: ~ # chmod u+x,o-r mymkdir
root@ICICOS: ~ # ls -l mymkdir
-rwxr-----. root root 29852 02-13　03:15 mymkdir
```

更简便易用的方法是采用数字形式表示的权限模式。例如，若要将 mymkdir 文件的访问权限设置为"rwx-xr-x"，其对应的数字组合应该是 755。

```
root@ICICOS: ~ # chmod 755 mymkdir
root@ICICOS: ~ # ls -l mymkdir
-rwxr-xr-x. 1 root root 29852 Apr 29 03:15 mymkdir
```

在实际的目录权限管理工作中，有时会需要将某一个目录中的所有子目录及文件的权限都设置为相同的值，这时只要结合 chmod 命令的"-R"选项即可轻松实现，若不指定"-R"选项，chmod 命令将只改变所指定目录本身的权限。例如，执行以下操作将以递归的方式将"/var/ftp/pub"目录中所有子目录、文件的权限都安装 vsftp 后，设置为"rw-r--r--"。

```
root@ICICOS: ~ # chmod -R 644 /var/ftp/pub/
```

4.2.3　设置目录和文件的归属

需要设置文件或者目录的归属时，主要通过 chown 命令进行，可以只设置属主或属组，也可以同时设置属主、属组。使用 chown 命令的基本格式如下所示。

```
chown  属主[:[属组]]  文件或目录…
```

同时设置属主、属组时，用户名和组名之间用冒号 "："进行分隔。如果只设置属组时，需要用 "：组名" 的形式。

如果只需要设置目录或文件的属主，直接以用户名表示归属即可，递归修改目录归属同样可以使用 "-R" 选项，例如，执行以下操作可将/var/ftp/pub/目录的属主由 root 改为 ftp（调整后用户 ftp 将拥有 "rwx" 的权限）。

```
root@ICICOS: ~ # ls -ld /var/ftp/pub/          //修改前的属主为 root
drwxr-xr-x. 3 root root 4096 Apr 29 22:24 /var/ftp/pub/
root@ICICOS: ~ # chown -R ftp /var/ftp/pub/
root@ICICOS: ~ # ls -ld /var/ftp/pub/          //修改后的属主变为 ftp
drwxr-xr-x. 3 ftp root 4096 Apr 29 22:24 /var/ftp/pub/
```

同时设置目录和文件的属主、属组时，需要用到分割符 "；"。例如，执行以下操作可将 mymkdir 文件的属主更改为 daemon、属组更改为 wheel。

```
root@ICICOS: ~ # ls -ld /opt/wwwroot/
drwxr-xr-x. 2 root root 4096 Apr 29 03:47 /opt/wwwroot/
root@ICICOS: ~ # chown daemon:wheel /opt/wwwroot/
root@ICICOS: ~ # ls -ld /opt/wwwroot/
drwxr-xr-x. 2 daemon wheel 4096 Apr 29 03:47 /opt/wwwroot/
```

在 ICICOS 中，设置文件访问权限、归属是目录和文件管理的常见工作内容，很多网络服务或应用程序的安全强化工作实际上也包括了文件权限和归属的修改。因此，在具体工作中应慎重进行，不当的权限设置可能会导致系统故障，甚至带来一些安全隐患。

4.3　账号安全

以下几个方式可以确保系统账号安全。

1. 设置密码最小长度

为了防止密码遭到暴力破解攻击（brute force attack）或口令字猜测攻击（password guessing），需要检查密码最小长度是否被设置，密码最小长度未设置或设置很短的情况下容易遭受攻击，建议修改密码策略设置文件将密码最小长度设为 8 位以上。

2. 设置密码最长使用期限

如未设置密码最长使用期限，一段时间后密码很可能会泄露，因而造成攻击者的非法访问，建议修改密码策略设置文件，将密码最长使用期限设置为 90 天（12 周）。

3. 删除不必要的账号

安装系统时，默认生成的账号大部分使用默认的密码，很容易被恶用于口令字猜测攻击，因此需要确认默认账号与可疑的特定账号的存在与否并将其删除。

4．管理员组中只保留最少的账号

管理系统的 root 账号所属的组拥有系统运营文件的访问权限，该组如果疏忽管理，一般用户有可能会以管理员的权限非法访问系统，进行恶意修改或变更等操作，因此该组需要只保留尽可能少的账号，建议将目前注册到管理员组的不必要账号删除。

5．禁止不存在账号的 GID

因疏于对账号组的管理，如存在没有账号的组，该组的文件有可能会被泄露给非相关人员，建议如存在没有组员账号的组，需及时与管理员沟通并将其删除。

4.4　文件安全

1．修改 umask 值

在创建新文件或目录时，新文件或目录的访问允许权限将被限制，防止同属于该组的其他用户及别的用户修改该目录的文件或更高权限，这样可以保障新创建的文件或目录的访问安全。

2．使用加密文件系统实现文件安全

近年来，保护敏感数据不被泄露成为人们关注的热点问题。入侵者除了直接盗取物理存储设备，还可以通过网络攻击来窃夺文件数据；而且，由于共享的需求，敏感数据会由多人访问，这也增大了泄露的可能性。对数据或文件进行加密已经成为一种公认的比较成功的保护方法。事实上，人们早已开发了许多优秀的加密算法，如 DES、AES、RSA 等，并且有一些应用程序如 crypt 使用这些加密算法，用户通过这些工具手工地完成加密、解密的工作。由于这些应用程序操作麻烦、没有和整个系统紧密地结合而且容易受到攻击，因此一般用户并不愿意使用。

加密文件系统通过将加密服务集成到文件系统这一层面来解决上面的问题。加密文件的内容一般经过对称密钥算法加密后以密文的形式存放在物理介质上，即使文件丢失或被窃取，在加密密钥未泄露的情况下，非授权用户几乎无法通过密文逆向获得文件的明文，从而保证了高安全性。与此同时，授权用户对加密文件的访问则非常方便。用户通过初始身份认证后，对加密文件的访问和普通文件没有什么区别，就好像该文件并没有被加密过，这是因为加密文件系统自动地在后台做了相关的加密和解密的工作。由于加密文件系统一般工作在内核态，普通的攻击比较难以奏效。

eCryptfs 是在 ICICOS 内核 2.6.19 版本中引入的一个功能强大的企业级加密文件系统，堆叠在其他文件系统之上（如 Ext2, Ext3, ReiserFS, JFS 等），为应用程序提供透明、动态、高效和安全的加密功能，建议使用此加密文件系统对重要文件加密。

4.5　实验案例：用户和文件权限管理

1．实验环境

公司技术部开发服务器安装了 ICICOS，根据部门内项目组的构成情况，首先需要建立相应的组账号、用户账号，并为相关目录设置权限；还需要设置一个共用的数据存储目录，便于同事之间的数据交换。

2．需求描述

（1）建立用户目录

创建目录/tech/test 和/tech/abc，分别用于存放各项目组中用户账号的宿主文件夹。例如，test1 用户的宿主目录应位于/tech/test/test1。

（2）添加组账号

① 为两个项目组添加组账号 test、abc，GID 号分别设置为 1001、1002。

② 为技术部添加组账号 tech，GID 号设置为 200。

（3）添加用户账号

① test 组包括三个用户，分别为 test1、test2、test3，宿主目录均使用/tech/test/目录中与账号同名的文件夹。其中 test1 用户账号设为 2099 年 12 月 31 日后失效。

② abc 组包括两个用户，分别为 abc1、abc2。宿主目录均使用/tech/abc/目录中与账号同名的文件夹。其中 abc2 用户的登录 Shell 设为/bin/sh。

上述所有的用户账号均要求加入 tech 组内。

在测试阶段，仅为 test1、test2、abc1 这三个用户账号设置初始密码"123456"，其他用户暂时先不设置密码。

（4）设置目录权限及归属

① 将/tech 目录的属组设置为 tech，去除其他用户的所有权限。

② 将/tech/test 目录的属组设置为 test，去除其他用户的所有权限。

③ 将/tech/abc 目录的属组设置为 abc，去除其他用户的所有权限。

（5）建立公共数据存储目录

创建/public 目录，允许所有技术组内的用户读取、写入、执行文件，非技术组的用户禁止访问此目录。

3．推荐步骤

步骤 1：使用 mkdir 命令依次创建/tech/test、/tech/abc 目录。

步骤 2：使用 groupadd 命令依次添加 tech、test、abc 组账号，结合"-g"选项指定 GID 号。

步骤 3：使用 useradd 命令依次添加各用户，结合"-d"选项指定宿主目录、"-g"选项指定基本组、"-G"选项指定附加组、"-s"选项指定登录 Shell 程序、"-e"选项指定账号失效日期。

步骤 4：使用 passwd 目录为 test1、test2、abc1 用户账号设置初始密码。

步骤 5：使用 chown、chmod 命令设置/tech、/tech/test 及/tech/abc 目录的权限、归属。

步骤 6：创建/public 文件夹，并使用 chmod、chown 命令设置目录权限、归属。

4.6　本章总结

ICICOS 用户账号分别为超级用户、程序用户和普通用户。

passwd 和 shadow 文件保存了用户的基本信息及密码。

useradd、passwd、usermod 和 userdel 命令可以用于对用户账号进行管理。

groupadd、gpasswd、groupdel 命令可以用于管理组账号。

chamod 命令可以用于设置文件和目录的访问权限。

chown 命令可以用于设置文件和目录的属主、属组。

4.7　章节自测

一、选择题

1. 出于安全性考虑，ICICOS 的用户口令经过加密后保存在（　　　）文件中。

　　A．/etc/passwd

　　B．/etc/password

　　C．/etc/shadow

　　D．/etc/group

2. 使用（　　　）命令可以对用户账号进行锁定及解除锁定等操作。

　　A．useradd

　　B．usermod

　　C．passwd

　　D．userdel

3. （　　　）命令可以将文件 xfile 的权限设置为属主用户只读。

　　A．chmod a=r xfile

　　B．chmod u=r xfile

　　C．chmod g-wx xfile

　　D．chmod o+r xfile

4. 使用（　　　）命令可以改变文件或目录的属组。

　　A．chmod

　　B．chown

　　C．groups

　　D．gpasswd

5. （　　　）权限模式表示属主用户有读取、写入权限，其他任何用户只有读取权限。

　　A．566

　　B．644

　　C．655

　　D．764

二、简答题

1. ICICOS 中包含的用户角色有哪些？各有什么特点？

2. 用户账号文件有哪些？初始配置文件有哪些？各自的作用是什么？

3. 使用 chmod 设置文件或目录权限时，权限模式可以使用哪些表示方法？

三、操作题

1. 删除系统中的 news、uucp、games、gopher 用户及其宿主目录。

2. 新建文件夹/opt/mydocs，使用 chmod 命令调整此文件夹的权限（或 chown 命令调整归属）以使用户 mike 能够在/opt/mydocs/目录下查看、创建、删除文件。

第 5 章　磁盘分区和文件系统管理

第 4 章中学习了 ICICOS 的账号管理、文件权限和归属管理等内容，管理磁盘和文件系统是管理员的重要工作内容之一。本章将从磁盘的分区和格式化操作、文件系统挂载使用等方面学习 ICICOS 的磁盘和文件系统管理技术。

本章重点
- 硬件的分区操作
- 格式化文件系统
- 挂载和卸载文件系统
- RAID 实现数据安全保护

5.1　管理磁盘及分区

在 ICICOS 主机中，当现有磁盘的分区规划不能满足需求（例如，根分区的剩余空间过少，无法继续安装新的系统程序时），就需要对磁盘中的分区进行重新规划和调整，有时候还需要添加新的磁盘设备来扩展存储空间。

实现上述操作需要用到 fdisk 磁盘及分区管理工具，fdisk 是 ICICOS 中自带的基本工具之一，本节将通过为安装了 ICICOS 的主机新增一块硬盘并建立分区的过程，介绍 fdisk 工具的使用。

增加硬盘设备时，首先需要在机箱内进行硬盘接口的物理连接，若是在 VMware 虚拟机环境中，可以修改虚拟主机的设置，添加一块"Hard Disk"硬盘设备（如添加一块 80 GiB 的 SCSI 硬盘）。

5.1.1　检测并确认新磁盘

挂接好新的硬盘设备并启动主机后，ICICOS 会自动检测并加载该硬盘，无须额外安装驱动，执行"fdisk -l"命令可以查看，确认新增硬盘的设备名称和位置。"fdisk -l"命令的作用是列出当前系统中所有硬盘设备及其分区的信息。

```
root@ICICOS:~# fdisk -l /dev/sda /dev/sdb
Disk /dev/sda: 21.5 GB, 21474836480 bytes, 41943040 sectors
Units = sectors of 1 * 512 = 512 bytes
Sector size (logical/physical): 512 bytes / 512 bytes
I/O size (minimum/optimal): 512 bytes / 512 bytes
Disk label type: dos
Disk identifier: 0x000e6ab0
Device Boot Start End Blocks Id System
/dev/sda1 * 2048 2099199 1048576 83 Linux
```

```
/dev/sda2 2099200 41943039 19921920 8e Linux LVM
Disk /dev/sdb: 85.9 GB, 85899345920 bytes, 167772160 sectors
Units = sectors of 1 * 512 = 512 bytes
Sector size (logical/physical): 512 bytes / 512 bytes
I/O size (minimum/optimal): 512 bytes / 512 bytes
```

上述输出信息中包含了各硬盘的整体情况和分区情况，其中"/dev/sda"为原有的硬盘设备，而"/dev/sdb"为新增的硬盘，新的硬盘设备还未进行初始化，没有包含有效的分区信息。对于已有的分区，将通过列表的方式输出以下信息。

- Device：分区的设备文件名称。
- Boot：是否是引导分区。是，则有"*"标识。
- Start：该分区在硬盘中的起始位置（柱面数）。
- End：该分区在硬盘中的结束位置（柱面数）。
- Blocks：分区的大小，以 Blocks（块）为单位，默认的块大小为 1 024 字节。
- Id：分区对应的系统 ID 号。83 表示 ICICOS 中的 EXT4 分区，8e 表示 LVM 逻辑卷。
- System：分区类型。

识别到新的硬盘设备后，接下来就可以在该硬盘中建立新的分区了。在 ICICOS 中，分区和格式化的过程是相对独立的，关于格式化分区的操作将在后续内容中讲解。

5.1.2　规划硬盘中的分区

在硬盘设备中创建、删除、更改分区等操作同样通过 fdisk 命令执行，只要使用硬盘的设备文件作为参数。例如，执行"fdisk /dev/sdb"命令，即可进入到交互式的分区管理界面中。如下所示。

```
Welcome to fdisk (util-ICICOS 2.31.1).
Changes will remain in memory only, until you decide to write them.
Be careful before using the write command.
Command (m for help):
```

在操作界面中的"Command （m for help）："提示符后，输入特定的分区操作指令，可以完成各项分区管理任务。例如，输入"m"指令后，可以查看各种操作指令的帮助信息，如下所示。

```
Command (m for help): m
Command action
    a    toggle a bootable flag
    b    edit nested BSD disklabel
    c    toggle the dos compatibility flag
    d    delete a partition
    F    list free unpartitioned space
    l    list known partition types
    n    add a new partition
    p    print the partition table
    t    change a partition type
```

```
v      verify the partition table
i      print information about a partition
```

下面将分别介绍在分区过程中常用的一些交互操作指令。

1. "p" 指令——列出硬盘中的分区情况

使用 "p" 指令可以列出详细的分区情况，信息显示的格式与执行 "fdisk -l" 命令相同，硬盘中尚未建立分区时，输出的列表信息为空。

```
Command (m for help): p

Disk /dev/sdb: 20 GiB, 21474836480 bytes, 41943040 sectors
Units: sectors of 1 * 512 = 512 bytes
Sector size (logical/physical): 512 bytes / 512 bytes
I/O size (minimum/optimal): 512 bytes / 512 bytes
Disklabel type: dos
Disk identifier: 0x08dba1c4

Device      Boot Start      End     Sectors  Size Id Type
/dev/sdb1    *      2048 41940991 41938944   20G 83 ICICOS Linux
```

2. "n" 指令——新建分区

使用 "n" 指令可以进行创建分区的操作，包括主分区和扩展分区。根据提示继续输入 "p" 选择创建主分区，输入 "e" 选择创建扩展分区。之后依次选择分区序号、起始位置、结束位置或分区大小即可完成新分区的创建。

选择分区号时，主分区和扩展分区的序号只能为 1~4，分区起始位置一般由 fdisk 默认识别即可，结束位置或大小可以使用 "+sizeM" 或 "+sizeG" 的形式，如 "+20G" 表示将该分区的容量设置为 20 GiB。

（1）创建两个主分区

首先创建第一个主分区（/dev/sdb1），容量指定为 20 GiB。

```
Command (m for help): n                            //开始创建第 1 个分区
Command action
e      extended
p      primary partition   (1-4)
P                                                  //选择创建的为主分区
Partition   number   (1-4)：  1                     //设置第一个主分区的编号为 1
Frist cylinder (1-10443, defult 1 )：              //直接回车接受默认值
Using default value 1
Last cylinder , +cylinder or +size(K,M,G)(1-10443,   defult 10043): +20G
```

按照类似的操作步骤继续创建第 2 个主分区（/dev/sdb2），容量也指定为 20 GiB，完成后可以输入 "p" 指令查看分区情况，如下所示。

```
Command (m for help): p
Disk /dev/sdb: 20 GiB, 21474836480 bytes, 41943040 sectors
Units: sectors of 1 * 512 = 512 bytes
```

```
Sector size (logical/physical): 512 bytes / 512 bytes
I/O size (minimum/optimal): 512 bytes / 512 bytes
Disklabel type: dos
Disk identifier: 0x08dba1c4


Device     Boot Start      End    Sectors Size Id Type
/dev/sdb1  *    2048 41940991 41938944   20G 83 ICICOS Linux
```

（2）创建一个扩展分区和两个逻辑分区

接下来可以使用剩余的硬盘空间创建拓展分区，然后在扩展分区中创建逻辑分区。需要注意的是，若主分区、逻辑分区均已创建完毕（四个主分区已用完），则再次输入"n"指令后将不再提示选择分区类别。

首先建立扩展分区（/dev/sdb4），使用剩下的所用空间（全部空间分配完毕后，将无法再建立新的主分区）。

接下来在扩展分区中建立第一个逻辑分区（/dev/sdb5），容量指定为 2 GiB。

```
Command (m for help): n
Command action
l       logical   （5 or over）
p       primary partition   (1-4)
1                                                    //选择创建的为逻辑分区
Frist cylinder (5225-10443, defult 5225 ) :
Using default value 5225
Last cylinder , +cylinder or +size(K,M,G) (5225-10443,   defult 10043): +2G
```

按照类似的操作步骤继续创建第二个逻辑分区（/dev/sdb6），容量指定为 10 GiB，完成后可以再次输入"p"指令查看分区情况，如下所示。

```
Command （m for help）: p
Disk /dev/sdb: 85.8 GB. 85899345920 bytes
255 heads,63 sectors/track, 10443 cylinders
Units = cylinders of 16065 * 512 = 8225280 bytes
Device boot         Start        end         blocks        id   system
/dev/sdb1           1            2612        20980858+     83   ICICOS Linux
/dev/sdb2           2613         5224        20980890      83   ICICOS Linux
```

3．"d"指令——删除分区

使用"d"指令可以删除指定的分区，根据提示继续输入需要删除的分区序号即可，在执行删除分区时一定要慎重，应首先使用 p 指令查看分区的序号，确认无误后再进行删除，需要注意的是，若扩展分区被删除，则扩展分区之下的逻辑分区也将被同时删除。因此建议从最后一个分区开始进行删除，以免 fdisk 识别的分区序号发生紊乱。

下面的操作过程将删除上一步建立的逻辑分区/dev/sdb6。

```
Command (m for help): d                      //进入删除指定分区的操作
Partition number (1-6):   6                   //选择需要删除的分区序号
```

4. "t"指令——变更分区类型

在 fdisk 分区工具中，新建的分区默认使用的文件系统类型为 EXT4，一般不需要更改，但是若新建的分区需要用作 Swap 交换分区或其他类型的文件系统时，则需要对分区类型进行变更以保持一致性，从而避免在管理分区时产生混淆。

使用"t"指令可以变更分区的 ID 号。操作时需要依次指定目标分区序号、新的系统 ID 号。不同类型的文件系统对应不同的 ID 号，以 16 进制数表示，在 fdisk 交互环境中可以输入"1"指令进行列表查看。最常用的 EXT4，Swap 文件系统的 ID 号分别为 83/82，而用于 Windows 中的 NTFS 文件系统的 ID 号一般为 86。

执行下面的操作可以将逻辑分区"/dev/sdb5"的类型更改为 Swap，通过"p"指令可以确认分区/dev/sdb5 的系统 ID 已由默认的 83 变为 82。

```
Command (m for help): t
Partition number (1-5):5
Hex code (type L to list codes): 82
Changed system type of partition 5 to 82 (ICICOS Linux swap/Solaris)
Command （m for help）:p

/dev/sdb5      5225        5486        2104483+      82      ICICOS Linux   swap/solaris
```

5. "w"和"q"指令——退出 fdisk 分区工具

完成对硬盘的分区操作之后，可以执行"w"或"q"指令退出 fdisk 分区工具。其中"w"指令将保存分区操作，而"q"指令将不会保存对硬盘所做的分区操作。对已包含数据的硬盘进行分区时，一定要做好数据备份，保存之前要确认操作无误，以免发生数据损坏。若无法确定本次分区操作是否正确，建议使用"q"指令不保存退出。

```
Command (m for help)：w
The partition table has been altered!
Calling ioctl() to re-read partition table.
Syncing disks.
```
变更硬盘（特别是正在使用的硬盘）的分区设置以后，建议最好将系统重启一次，或者执行"partprobe"命令使操作系统检测新的分区表情况。在某些 ICICOS 中，若不进行这些操作，可能会导致格式化分区时对硬盘中已有数据的损坏，严重者甚至引起系统崩溃。

5.2 管理文件系统

在 ICICOS 中，使用 fdisk 工具在硬盘中建立分区以后，还需要对分区进行格式化并挂载到系统中的指定目录，然后才能用于储蓄文件、目录等数据。本节将学习如何格式化并挂载分区。

5.2.1 创建文件系统

创建文件系统的过程也即格式化分区的过程，在 ICICOS 中使用 mkfs（make filessystem，创建文件系统）命令工具可以格式化 EXT4、FAT 等不同类型的分区，而使用 mkswap 命令可以格式化 Swap 交换分区。

1．mkfs 命令的使用

实际上 mkfs 命令是一个前端工具，可以自动加载不同的程序来创建各种类型的分区，而后端包括有多个与 mkfs 命令相关的工具程序，这些程序位于/sbin/目录中，如支持 EXT4 分区格式的 mkfs、ext4 程序等。

```
root@ICICOS:~# ls /sbin/mkfs*
/sbin/mkfs            /sbin/mkfs.ext2   /sbin/mkfs.fat     /sbin/mkfs.ntfs
/sbin/mkfs.bfs       /sbin/mkfs.ext3   /sbin/mkfs.minix   /sbin/mkfs.vfat
/sbin/mkfs.cramfs    /sbin/mkfs.ext4   /sbin/mkfs.msdos
```

使用 mkfs 命令程序时，基本的命令格式如下所示。

```
mkfs  -t  文件系统类型     分区设备
```

（1）创建 EXT4 文件系统

需要创建 EXT4 文件系统时，结合"-t ext4"选项指定类型，并指定要被格式化的分区设备即可。例如，执行以下操作将把分区/dev/sdb1 格式化为 EXT4 文件系统。

```
[root@ICICOS:~]# mkfs -t ext4 /dev/sdb1
```

（2）创建 FAT32 文件系统

一般来说，不建议在 ICICOS 中创建或使用 Windows 中的系统文件类型，包括 FAT16、FAT32 等，一些特殊情况，如 Windows 系统不可用，U 盘系统被病毒破坏等除外。

若要在 ICICOS Linux 系统中创建 FAT32 文件系统，可结合"-t vfat"选项指定类型，并添加"-F 32"选项指定 FAT 的版本。例如，执行以下操作将把分区/dev/sdb6 格式化为 FAT32 文件系统（先通过 fdisk 工具添加/dev/sda6 分区，并将 ID 号设为 b）。

```
root@ICICOS:~# mkfs  -t  vfat  -F  32  /dev/sdb6
mkfs.vfat  3.0.9  (31  Jan 2020)
```

或者

```
root@ICICOS:~# mkfs.vfat  -F  32   /dev/sdb6
mkfs.vfat  3.0.9  (31  Jan 2020)
```

2．mkswap 命令的使用

在 ICICOS 中，Swap 分区的作用类似于 Windows 系统中的"虚拟内存"，可以在一定程度上缓解物理内存不足的情况，如果当前安装了 ICICOS 的主机中运行的服务较多，需要更多的交换空间支撑应用时，可以为其增加新的交换分区。

使用 mkswap 命令工具可以在指定的分区上创建交换文件系统，目标分区应先通过 fdisk 工具将 ID 号设为 82。例如，执行以下操作可以将分区/dev/sdb5 创建为交换分区。

```
root@ICICOS:~# fdisk -l /dev/sdb
Disk /dev/sdb: 20 GiB, 21474836480 bytes, 41943040 sectors
Units: sectors of 1 * 512 = 512 bytes
Sector size (logical/physical): 512 bytes / 512 bytes
I/O size (minimum/optimal): 512 bytes / 512 bytes
```

```
Disklabel type: dos
Disk identifier: 0x08dba1c4

Device    Boot Start    End    Sectors Size Id Type
/dev/sdb1   *    2048  41940991 41938944 20G 83 ICICOS Linux

root@ICICOS:~# mkswap /dev/sdb5
```

对于新增加的交换分区，需要使用 swapon -a（改）命令进行启用，反之使用 swapoff 命令可以停用指定的交换分区。例如，以下操作分别展示了启用、停止交换分区/dev/sdb5 的过程，以及总交换空间的变化情况。

```
root@ICICOS:~# cat /proc/meminfo | grep "SwapTotal"
SwapTotal:        2064376 KB
root@ICICOS:~# swapon /dev/sda5
root@ICICOS:~# cat /proc/meminfo | grep "SwapTotal"
SwapTotal:        4168848 KB
root@ICICOS:~# swapoff /dev/sdb5
```

5.2.2　挂载、卸载文件系统

在 ICICOS 中，对各种存储设备中的资源访问（如读取、保存文件等）都是通过目录结构进行的。虽然系统核心能够通过"设备文件"的方式操纵各种设备，但是对于用户来说，还需要增加一个"挂载"的过程，才能像正常访问目录一样访问存储设备中的资源。

当然，在安装 ICICOS 探测的过程中，自动建立或识别的分区通常会由系统自动完成挂载，如"/"分区，"/boot"分区等。然而对于后来新增加的硬盘分区、光盘等设备，有时还需要管理员手动进行挂载。实际上用户使用的是经过格式化后建立的文件系统。挂在一个分区时，必须为其指定一个目录作为挂靠点（或称为挂载点）。用户通过这个文件夹访问设备中的文件、目录数据。

1. 挂载文件系统

Mount 命令的基本使用格式如下所示。

```
mount  [ -t 文件系统类型 ]    存储设备    挂载点
```

其中，文件系统类型通常可以省略（由系统自动识别），存储设备即对应分区的设备文件名或网络资源路径，挂载点即用户指定的用于挂载的目录。例如，以下操作用于将光盘设备挂载到 media/cdrom 目录。

```
root@ICICOS:~# mkdir /media/cdrom
root@ICICOS:~# mount /dev/cdrom /media/cdrom
mount: block device /dev/sr0 is write-protected, mounting read-only
```

光盘对应的设备文件通常使用"/dev/cdrom"，其实这是一个链接文件，链接到实际的光盘设备"/dev/sr0"。使用这两个名称都可以表示光盘设备。由于光盘是只读的存储介质，因此在挂载时系统会出现"mounting read-only"的提示信息。

挂载 ICICOS 分区或 U 盘设备时的用法也一样。只需要在指定正确的设备位置和挂载目录即可。例如，以下操作将用于将 5.2.1 节建立的/dev/sdb1 分区挂载到新建的/mailbox 目录下。

```
root@ICICOS:~# mkdir /mailbox
root@ICICOS:~# mount /dev/sdb1 /mailbox
```

在 ICICOS 中，U 盘设备被模拟成 SCSI 设备，因此与挂载普通 SCSI 硬盘中的分区并没有明显区别。U 盘一般使用 FAT16 或者 FAT32 的文件系统。若不确定 U 盘设备文件的位置，可以先执行"fdisk -l"命令进行查看，确认。例如，以下操作会将位于/dev/sdc1 的 U 盘挂载到新建的/media/usbdisk 目录下。

```
root@ICICOS:~# mkdir /media/usbdisk
root@ICICOS:~# mount /dev/sdc1 /media/usbdisk
```

使用不带任何参数或选项的 mount 命令时，将显示出当前系统中已挂载的各个分区（文件系统）的相关信息，最近挂载的文件系统将显示在最后边。

```
root@ICICOS:~# mount
sysfs on /sys type sysfs (rw,nosuid,nodev,noexec,relatime)
proc on /proc type proc (rw,nosuid,nodev,noexec,relatime)
udev on /dev type devtmpfs (rw,nosuid,relatime,size=1977588k,nr_inodes=494397,mode=755)
devpts on /dev/pts type devpts (rw,nosuid,noexec,relatime,gid=5,mode=620,ptmxmode=000)
tmpfs on /run type tmpfs (rw,nosuid,noexec,relatime,size=401568k,mode=755)
/dev/sdb1 on / type ext4 (rw,relatime,errors=remount-ro,data=ordered)
securityfs on /sys/kernel/security type securityfs (rw,nosuid,nodev,noexec,relatime)
```

上例中，porc、sysfs、tmpfs 等文件系统是 ICICOS Linux 运行所需要的临时文件系统，并没有实际的硬盘分区与其对应，因此也成为"伪文件系统"。例如，porc 文件系统实际上映射了内存及 CPU 寄存器中的部分数据。

2．卸载文件系统

需要卸载文件系统时，使用的命令为 umount，使用挂载点目录或对应设备的文件名作为卸载参数。在 ICICOS 中，由于同一个设备可以被挂载到多个目录下，所以一般建议通过挂载点的目录位置来进行卸载。例如，执行以下操作将分别卸载前面挂载的 ICICOS 分区、光盘设备。

```
root@ICICOS:~# umount /mailbox        //通过挂载点目录卸载对应的分区
root@ICICOS:~# umount /dev/cdrom      //通过设备文件卸载光盘
```

3．设置文件系统的自动挂载

系统中的/etc/fstab 文件可以视为 mount 命令的配置文件，其中存储了文件系统的静态挂载数据。ICICOS 在每次开机时，会自动读取这个文件的内容，自动挂载所指定的文件系统。默认的 fstab 文件中包括了根分区、/boot 分区、交换分区 1 及 proc、tmpfs 等伪文件系统的挂载配置。

```
root@ICICOS:~# cat /etc/fstab
# /etc/fstab: static file system information.
```

```
# Use 'blkid' to print the universally unique identifier for a
# device; this may be used with UUID= as a more robust way to name devices
# that works even if disks are added and removed. See fstab(5).
#
# <file system> <mount point>   <type>   <options>        <dump>  <pass>
#
... // 省略部分内容
/dev/sr0              /media       iso9660    defaults          0        0
```

在 "/etc/fstab" 文件中，每一行记录对应一个分区或设备的挂载配置信息，从左到右包括六个字段（使用空格或制表符分割），各部分的含义如下所述。

第 1 字段：设备名或设备卷标名。

第 2 字段：文件系统的挂载点目录的位置。

第 3 字段：文件系统类型，如 EXT4、Swap 等。

第 4 字段：挂载参数、即 mount 命令 "-o" 选项后可使用的参数。例如，default、rw、ro、noexec 分别表示默认参数、可写、只读、禁用执行程序。

第 5 字段：表示文件系统是否需要 dump 备份（dump 是一个备份工具）。一般设为 1 时表示需要，设为 0 时将被 dump 所忽略。

第 6 字段：该数字用于决定在系统启动时进行磁盘检查的顺序。0 表示不进行检查，1 表示优先检查，2 表示其次检查。对于根分区应设为 1，其他分区设为 2。

通过在 "/etc/fstab" 文件中添加相应的挂载配置，可以实现开机后自动挂载指定的分区。例如，执行以下操作将添加自动挂载分区/dev/sdb1 的配置记录。

```
root@ICICOS:~# vim /etc/fstab
...//省略部分内容
/dev/sdb1                /mailbox           ext4     defaults      0 0
```

使用 mount、umount 进行挂载、卸载操作时，若在/etc/fstab 文件中已设置有对应的挂载记录，则只需要指定挂载点目录或设备文件名中的一个作为参数。例如，直接执行 "mount /dev/sdb1" 或 "mount /mailbox"，都可以将分区/dev/sdb1 挂载到/mailbox 目录下。

4．查看磁盘使用情况

不带选项及参数的 mount 命令可以显示分区的挂载情况，若要了解系统中已挂载各文件系统的磁盘使用情况（如剩余磁盘空间比例等），可以使用 df 命令。

df 命令使用文件或者设备作为命令参数，较常用的选项为 "-h" "-T"。其中，"-h" 选项可以显示更容易读懂的容量单位，而 "T" 选项用于显示对应文件系统的类型。例如，执行 "df -hT" 命令可以查看当前系统中挂载的各文件系统的磁盘使用情况。

```
root@ICICOS:~# df -hT
Filesystem                      Type     Size   Used  Avail   Use%  Mounted on
/dev/mapper/vg_rhel6-lv_root    ext4      18G   4.1G    13G    25%   /
tmpfs                           tmpfs    499M   224K   498M     1%   /dev/shm
/dev/sda1                       ext4     485M    35M   426M     8%   /boot
/dev/sr0                        iso9660  3.6G   3.6G      0   100%   /media/cdrom
/dev/sdb1                       ext3      20G   173M    19G     1%   /mailbox
```

5.3   RAID 实现数据安全保护

RAID（redundant array of independent disks，独立冗余磁盘阵列），简称磁盘阵列，是按照一定的形式和方案组织起来的存储设备，它比单个存储设备在速度、稳定性和存储能力上都有很大提高，并且具备一定的数据安全保护能力。RAID 的主要实现方式分为硬件 RAID 方式和软件 RAID 方式。

硬件 RAID：利用集成了处理器的硬件 RAID 适配卡来对 RAID 任务进行处理，无须占用主机 CPU 资源。

软 RAID：通过软件技术实现，需要操作系统支持，一般不能对系统磁盘实现 RAID 功能。

RAID 数据保护机制采用热备（hot spare）方式，当冗余的 RAID 阵列中某个磁盘失效时，在不干扰当前 RAID 系统正常使用的情况下，用 RAID 系统中另外一个正常的备用磁盘顶替失效磁盘，热备通过配置热备盘实现。RAID 主要有以下几类。

RAID0：把连续的数据分散到多个磁盘上存取，使用率为硬盘容量之和，但没有冗余。

RAID1：两块硬盘以上，使用率为硬盘总容量的 50%。

RAID5：三块硬盘以上，使用率为 N-1。

5.4   实验案例：迁移、home 分区

1．实验环境

公司原来安装的 ICICOS 服务器采用了自动分区的方案，随着使用服务器的系统用户数量不断增多，根分区经常面临磁盘空间耗尽的情况，偶尔有几次还导致系统无法启动。为了解决这些问题，现需要为服务器新增加一块 SCSI 硬盘，并将用户目录"/home"中的数据迁移到该硬盘中，要求迁移后不能影响原有账号的使用。

2．需求描述

① 在虚拟机中添加一块 80 GiB 的 SCSI 硬盘。

② 在新硬盘中建立一个 20 GiB 的分区，用于存放所有普通用户的宿主文件夹。

③ 新建的分区仍然挂载到"/home"目录下，需要导入系统中原有的用户的数据。

④ 服务器在每次开机后能够自动挂载该分区。

3．推荐步骤

步骤 1：关机后添加新硬盘，重新开机进入 ICICOS。

步骤 2：分区并格式化。

① 使用 fdisk 命令对新硬盘进行分区，建立一个 20 GiB 的主分区（"/dev/sdb1"）。

② 执行"partprobe"更新分区表信息，使用 mkfs 命令将上一步新建的分区格式化为 EXT4 文件系统。

步骤 3：迁移"/home"分区。

① 转移原有"/home"目录中的内容并做好备份。

② 修改"/etc/fstab"文件中的分区挂载设置。

③ 按"/etc/fstab"文件中的设置将新建的分区挂载到"/home"目录下。

④ 将①中备份的用户数据复制到新挂载的"/home"文件系统。

步骤 4：其他操作练习。参照理论内容讲解部分的内容及示例，练习 fdisk、mkfs、mount、umount 命令的相关方法，扩展交换空间的操作步骤，以及/etc/fstab 文件中挂载记录的格式和设置方法。

5.5　本章总结

1．fdisk 命令可以对磁盘设备进行分区操作。

2．mkfs 命令可以创建 EXT4、FAT32 等类型的文件系统。

3．mkswap 命令可以创建 swap 类型的文件交换系统，swapon、swapoff 命令可以启用、停止交换分区。

4．mount 命令用于挂载硬盘、光盘等设备文件。

5．umount 命令可以根据设备文件或挂载点卸载指定的设备。

6．通过/etc/fstab 文件可以实现开机后自动挂载指定的分区。

5.6　章节自测

一、选择题

1．在 fdisk 分区工具的交互式界面中，使用（　　　）指令用于新建分区。

　　A．l

　　B．n

　　C．p

　　D．w

2．使用 fdisk 分区工具时，Swap 类型的 ICICOS 分区对应的系统 id 号应为（　　　）。

　　A．82

　　B．83

　　C．8e

　　D．b

3．执行（　　）命令可以将"/dev/sdb7"分区格式化成 EXT4 文件系统。

　　A．fdisk -t ext4　/dev/sdb7

　　B．mkfs -t ext4　/dev/sdb7

　　C．ext4make /dev/sdb7

　　D．mkfs.ext4　/dev/sdb7

4．执行（　　）命令可以将"/dev/sdb8"分区格式化为交换文件系统。

　　A．fdisk -t 82 /dev/sdb8

　　B．mkfs -t swap /dev/sdb8

　　C．mkswap /dev/sdb8

　　D．swapon /dev/sdb8

5．若要挂载查看 ISO 光盘映像中的内容，需要使用带（　　　）选项的 mount 命令。

　　A．-t cdrom

    B．-t iso9660

    C．-o loop

    D．Isofs

二、简答题

1．fdisk 分区工具中常用的交互式操作指令有哪些？作用分别是什么？

2．使用 fdisk 分区工具时，常见的几种文件系统及各自的 ID 号分别是什么？

三、操作题

1．将 ICICOS 的 DVD 光盘挂载到/media/cdrom 目录，查看其中的目录和文件。

2．新添加一块硬盘，划出一个 2 GiB 大小的分区，并用此分区扩展现有的交换空间。

3．新建一个 20 GiB 大小的分区，并用此分区替换现有的/opt 目录，设置开机自动挂载。

第6章 引导过程和服务控制

ICICOS 作为一种操作系统平台，通过运行大量的系统服务和应用程序来满足最终用户的各种应用需求。在 ICICOS 服务器中，如何管理和控制好这些服务、程序的运行，同样是非常重要的工作内容。本章将学习 ICICOS 的引导过程、系统服务控制，以及启动过程优化的相关知识和技术。

本章重点

- 引导过程及相关配置文件
- 启动、停止、重启服务的方法
- 优化自动运行的系统服务
- root 用户密码恢复
- 防止非法修改 root 用户密码

6.1 ICICOS 的引导过程

系统引导是操作系统运行的开始，在用户能够正常登录到系统之前，ICICOS 的引导过程完成了一系列的初始化任务，并加载必要的程序和命令终端，为用户登录做好准备。本节将对 ICICOS 的引导过程做一个比较全面的介绍，充分熟悉引导过程，有利于管理员分析和排除系统故障，灵活控制系统服务的运行状态。

6.1.1 引导过程总览

ICICOS 的引导过程一般包括以下几个阶段：开机自检、MBR 引导、GRUB 菜单、加载 ICICOS 内核、INIT 进程初始化。其中初始化过程涉及的操作最多，也直接关系着系统启动后的运行状态，如图 6-1 所示。

图 6-1 ICICOS 引导过程简图

1. 开机自检

服务器主机开机以后，将根据主板 BIOS（basic input/output system，基本输入输出系统）中的设置对 CPU、内存、显卡、键盘等设备进行初步检测，检测成功后根据预设的启动顺序移交系统控制权，大多数时候会移交给本机硬盘。

2. MBR 引导

当从本机硬盘中启动系统时，首先根据硬盘第 1 个扇区中 MBR（master boot record，主引导记录）的设置，将系统控制权传递给包含操作系统引导文件的分区或者直接根据 MBR 记录中的引导信息调用启动菜单（如 GRUB）。

3．GRUB 菜单

对于 ICICOS 来说，GRUB 算是使用最为广泛的多系统引导器程序了。系统控制权传递给 GRUB 以后，将会显示启动菜单提供给用户选择，并根据所选项（或采用默认值）加载 ICICOS 内核文件，然后将系统控制权转交给内核。

4．加载 ICICOS 内核

ICICOS 内核是一个预先编译好的特殊二进制文件，介于各种硬件资源与系统程序之间，负责资源分配与调度。内核接过系统控制权以后，将完全掌控整个 ICICOS 运行过程。在 ICICOS 中，默认的内核文件位于"/boot/vmlinuz-2.6.32- 431.el6.x86_64"。

5．INIT 进程初始化

为了完成进一步的系统引导过程，ICICOS 内核首先将系统中的/sbin/init 程序加载到内存中运行（运行中的程序称为进程），init 进程负责完成系列的系统初始化过程，读取配置文件 /etc/inittab。根据配置内容首先执行初始化脚本文件/etc/rc.d/rc.sysinit，并通过脚本文件 /etc/rc.d/rc 控制应该启动哪些程序和服务，最后运行终端程序/sbin/mingetty。等待用户进行登录（登录过程由"/bin/login"程序负责验证）。

通过上述引导过程可以看出，决定系统初始化过程的关键在于 init 进程及其配置文件/etc/inittab，而决定 ICICOS 启动后自动运行哪些程序的关键在于/etc/rc.d/rc 脚本，rc 脚本将根据不同的系统运行级别选择执行不同目录（rc0.d. rc1.d. ....rc6.d）中的服务控制脚本。

6.1.2　系统初始化进程及文件

本节主要介绍 init 进程及与系统初始化过程相关的一些配置文件。

1．init 进程

与使用数字标记用户账号，组账号类似，ICICOS 中的进程（运行中的程序）也使用数字进行标记，每个进程的身份标记号称为 PID。在引导 ICICOS 的过程中，sbin/in 是内核第一个加载的程序，因此 init 进程对应的 PID 号总是为"1"。

init 进程运行以后将陆续执行系统中的其他程序，不断生成新的进程，这些进程称为 init 进程的子进程，反过来说 init 进程是这些进程的父进程。当然，这些子进程也可以进一步生成各自的子进程，依次不断繁衍下去，最终构成一棵枝繁叶茂的进程树，共同为用户提供服务。

从以上描述可以看出，init 进程正是维持整个 ICICOS 运行的所有进程的"始祖"，因此 init 进程是不允许被轻易终止的。需要切换不同的系统运行状态时，可以向 init 进程发送正确的执行参数，由 init 自身来完成相关操作。

2．inittab 配置文件

inttab 文件位于/etc 目录中，是 init 程序的配置文件。当 init 程序运行后，将按照/etc/inttab 文件指定的配置依次启动系统中对应的脚本和程序。若要查看 nittaba 文件中的有效配置，可以结合 grep 命令和管道操作进行过滤。例如执行以下操作。

```
root@ICICOS: ~# grep -v "^#" /etc/inittab | grep -v "^s"
id:5:initdefault:
```

在/etc/inittab 文件中，除了以"#"写开头的注释信息和空行以外，每行都视为一条有效配置记录，每条配置记录中的四个字段之间使用半角的冒号进行分割，基本格式如下所示：

```
id:runlevels:action:process
```

即

```
标记：运行级别：动作类型：程序或脚本
```

下面分别讲解 inittab 文件中各个字段的作用。

（1）Id——标记字段

标记字段可以由 1～4 个字符组成，用以区别于其他行的配置，在 inittab 文件中，每条配置记录的 id 标记应是唯一的，不要出现多个配置记录使用相同 id 的情况。

（2）runlevels——运行级别字段

ICICOS 通过将不同的系统服务（指运行在后台并提供特定功能的应用程序，如网站服务，FTP 服务等）进行搭配组合，来协同满足不同的功能需求。不同的服务组合其实现的功能也各不相同，就好比不同的药方能医治不同的病症一样。

在 ICICOS 中，默认包括七种不同的服务搭配方式，其中每一种搭配方式称为"运行级别"，类似于 Windows 系统中的"正常启动""安全模式""不带网络连接的安全模式"等，这些运行级别分别使用数字 0，1，…，6 来表示，各运行级别的含义及用途如下所述。

0：关机状态，使用该级别时将会关闭主机。

1：单用户模式，不需要密码验证即可登录系统，多用于系统维护。

2：字符界面的多用户模式（不支持访问网络）。

3：字符界面的完整多用户模式，大多数服务器主机运行在此级别。

4：未分配使用。

5：图形界面的多用户模式，提供了图形桌面操作环境。

6：重新启动，使用该级别时将会重启主机。

对于 ICICOS 来说，若选择安装了 GNOME 图形桌面，则默认启动的是运行级别 5。

inittab 配置记录的运行级别字段用于指定该行配置对哪些运行级别有效，可以使用不同运行级别代码的组合，如"2345"表示该配置在进入运行级别 2，3，4，5 时均有效。

（1）Action——动作类型字段

动作类型字段描述了该行配置所对应的操作类别，一般为固定的值，较常用的类型如下。

■ initdefault：设置初始化系统后默认进入的运行级别。

■ sysinit：设置系统初始化的操作脚本。

■ wait：init 进程将等待该行配置所对应的脚本操作完成后，再继续执行其他操作。

■ Ctrlaltdel：设置当用户按下 Ctrl+Alt+Delete 组合键后的操作。

■ Poweriail：设置当系统收到断电信号（使用不间断电源）时采取何种动作。

■ Powerokwait：设置当系统收到恢复供电信号时采取何种动作。

■ Respawn：一旦该行配置所对应的进程被终止，则重新启动该进程。

（2）Process——程序脚本字段

此字段用于指定该行配置所对应的实际操作，可以是具体的命令脚本程序等。

通过修改/etc/inittab 文件中的相关记录，可以对 ICICOS 的初始化过程进行调整。例如，若要使 ICICOS 每次开机后以文本模式运行，而不是自动进入图形界面，可以编辑 inittab 文件，将"id:5:initdefault"配置行中的"5"改为"3"，然后重启系统即可验证效果。

```
root@ICICOS: ~# vim /etc/inittab
id:3:initdefault:
…    //省略部分内容
root@ICICOS: ~# reboot
```

6.2　服务控制及优化启动过程

通过上一节对 ICICOS 引导过程的学习，我们知道了 ICICOS 在启动时通过 init 进程加载各种服务脚本和应用程序，包括调用 rc 脚本来控制进入不同的运行级别，不同的运行级别启动的系统服务也各不相同。那么，在 ICICOS 完成引导以后，又如何来控制系统服务的运行状态、如何在不同的运行级别之间进行切换、如何优化启动过程，减少系统占用的资源呢？本节将进一步来解决这些问题。

6.2.1　系统服务控制

在 ICICOS 中，各种系统服务的控制脚本默认放在/etc/init 目录下。通过以下两种方式都可以实现对指定系统服务的控制：一是使用专门的 service 控制工具，二是直接执行系统服务的脚本文件。

```
service   服务名称   控制类型
```

或者

```
/etc/init.d/ 服务名称   控制类型
```

对于大多数系统服务来说，常见的几种控制类型如下所述。

- tart（启动）：运行指定的系统服务程序，实现服务功能。
- stop（停止）：指定的系统服务程序，关闭相应的功能。
- restart（重启）：退出，再重新运行指定的系统服务程序。
- reload（重载）：退出服务程序，只是刷新配置，在某些服务中与 restart 的操作相同。
- status（查看状态）：查看指定的系统服务的运行状态及相关信息。

例如，执行"service networking start"或者"/etc/init.d/networking start"操作都可以启动尚未运行的 network 服务。

```
root@ICICOS: ~# service networking start
```

或者

```
root@ICICOS: ~# /etc/init.d/networking start
```

若要查看指定 network 服务的运行状态，只需将上述命令中的 start 改为 status 即可。若要停止 network 服务，将 start 改为 stop 即可。

```
root@ICICOS: ~# service networking status     //看 network 服务是否正在运行
配置设备：
lo eth2
当前的活跃设备：
lo eth3
```

控制类型 "restart" 用在需要释放旧的资源全部从头开始的情况，它会先关闭相应的服务程序，然后再重新运行。例如，当在网卡的配置文件中设置了新的 IP 地址以后，为了激活新的 IP 地址，可以重新启动名为 network 的系统服务。

```
root@ICICOS: ~# service networking restart
正在关闭接口 eth0:                              【正确】
关闭环回接口：                                   【正确】
弹出环回接口：                                   【正确】
弹出界面 eth0:                                   【正确】
对于在实际生产环境中运行的服务器，不要轻易执行 stop 或 restart 操作，以免造成客户端访问中断，
带来不必要的损失，若只是要为系统服务启用新的配置，可以采用相对温和一些的 reload 参数重新加载配
置，而不是生硬地执行 "restart"。
```

6.2.2　切换运行级别

level 配置字段的时候，已经介绍过运行级别的含义及类型。不同的运行级别代表了系统不同的运行状态，所启用的服务或程序也不一样，比如说对于互联网中的网站、邮件等服务器来说，只需要运行在文本模式就可以了，无须启用图形桌面程序。

下面将介绍如何查看及切换运行级别。

1．查看系统的运行级别

明确当前系统所在的运行级别将有助于管理员对一些应用故障的排除。若未能确知当前所处的运行级别，可以直接执行 "runlevel" 命令进行查询，显示结果中的两个字符分别表示切换前的级别、当前的级别，若之前尚未切换过运行级别，第 1 列将显示 "N"。

```
root@ICICOS: ~# runlevel
N  5
```

2．切换系统的运行级别

当用户需要将系统转换为其他的运行级别时，可以通过 init 程序进行，只要使用与运行级别相对应的数字（0～6）作为命令参数即可。例如，为了节省系统资源，将运行级别由图形模式 5 切换为字符模式 3，可以执行 "init 3" 命令。

```
root@ICICOS: ~# init  3
root@ICICOS: ~# runlevel
5  3
```

将系统切换到字符模式以后，图形桌面环境将不再可用，这时按 Alt+F7 快捷键也是无法

回到图形桌面环境的，因为图形桌面相关的程序已经被关闭了，需要再使用图形桌面时，可以执行 init 5 命令切换回去。

通过切换运行级别的操作还可以实现两个特殊的功能，那就是关机和重启。运行级别 0、6 分别对应着关机和重启这两个特殊模式，因此只要执行"init 0""init 6"就可以实现相应的关机和重启操作了。

```
root@ICICOS: ~# init 6          //重启当前系统
root@ICICOS: ~# init 0          //关闭当前系统
```

6.2.3　优化启动过程

ICICOS 包含了大量的服务程序，这些服务程序在切换运行级别时由 rc 脚本根据预设的状态进行启动或终止。其中有不少系统服务可能并不是用户需要的，但是默认也运行了。

那么，在 ICICOS 中默认包括哪些系统服务呢？各自的作用是什么？如何控制开机后自动运行的系统服务，减少资源占用。提高系统运行效率？下面分别就这些问题进行讲解。

在 ICICOS 中，默认安装的系统服务多达 100 余种，这些系统服务为用户提供了丰富的应用服务。只有正确了解各个系统服务的用途，才能有选择地进行优化操作，实现按需启用 ICICOS 服务器系统。

下面列出了 ICICOS 中常见的一些系统服务，如表 6-1 所示，其中包括服务的作用、建议启动的状态，以供优化系统服务时参考。

表 6-1　ICICOS 中常见的系统服务

服务名称	用途简介	备注
apmd	高级电源管理	建议开启
atd	延期、定时执行任务	建议关闭
autofs	自动挂载文件系统	建议关闭
avahi-daemon	发现使用 zeroconf 协议的设备	建议关闭
bluetooth	发现、认证蓝牙相关设备	建议关闭
anacrond	执行因关机等耽误的计划任务	建议关闭
crond	按预定周期执行计划任务	建议开启
cups	打印机服务	建议关闭
firstboot	执行安装系统后的初始化过程	建议关闭
gpm	在文本模式中提供鼠标支持	建议开启
haldaemon	搜集、维护硬件信息	建议关闭
hidd	使用蓝牙接口的设备	建议关闭
hplip	HP Linux 图像和打印服务	建议关闭
httpd	Apache 的 Web 网站服务	建议关闭
ip6tables	使用 IPv6 地址的 Linux 防火墙	建议关闭
iptables	使用 IPv4 的 Linux 防火墙	建议关闭

续表

服 务 名 称	用 途 简 介	备　注
irqbalance	多核心 CPU 处理器的调度支持	建议开启
isdn	综合业务数字网接入支持	建议关闭
kdump	记录内核崩溃时的内存信息	建议关闭
kudzu	配置硬件、自动检测硬件	建议开启
lvm2-monitor	LVM 逻辑卷管理及监控	建议开启
mctrans	SELinux 安全机制的语境转换	建议关闭
mdnonitor	软 RAID 设备监控	建议关闭
messagebus	发送系统相关事件的通知信息	建议开启
microcode_ctl	CPU 与内核的微代码控制	建议开启
netfs	访问共享文件夹等网络文件系统	建议开启
network	配置及使用网卡、网络地址	建议开启
nfs	访问 NFS 协议的网络文件系统	建议关闭
nfslock	NFS 访问的文件锁定功能	建议关闭
pcscd	智能卡设备的资源管理	建议关闭
portmap	提供 RPC 远程过程调用服务	建议关闭
rawdevices	提供 RAW 设备到块设备的映射	建议关闭
readahead_early	提供程序预先加载功能以加速启动速度	建议开启
restorecond	SELinux 安全机制的文件监控和 恢复功能	建议关闭
rpcgssd	管理 NFS 访问中的客服程序语境	建议关闭
rpcidmapd	管理 NFS 访问时的用户与 ID 映射	建议关闭
rsync	远程同步文件	建议关闭
saslauthd	基于文本的身份认证	建议关闭
sendmail	提供邮件传输/发送功能	建议关闭
setroubleshoot	SELinux 安全机制的故障检测	建议关闭
smartd	监控本地硬盘的状态及并发送故障 报告	建议开启
smb	文件共享服务	建议关闭
sshd	提供远程登录和管理 ICICOS 的功能	建议开启
syslog	记录内核、系统的日志消息	建议开启
vncserver	图形化的远程桌面访问	建议关闭
vsftpd	通过 FTP 协议提供文件上传、下载	建议关闭
xfs	图形界面的字体服务	建议开启
xinetd	超级服务器接管及访问控制程序	建议关闭
yum-updatesd	软件自动更新通知服务	建议关闭

必须强调的是，这些服务到底是选择开启还是关闭，应根据主机的实际功能需求来定，不要生搬硬套。例如，若当前安装了 ICICOS 的主机用来向局域网提供文件共享服务，那么

smb 服务应需要开启，否则可以关闭。

6.3 章节自测

一、选择题

1．在 ICICOS 的引导过程中，第 1 个初始化进程 init 的 PID 号是（　　）。

    A．0

    B．1

    C．3

    D．10

2．系统初始化进程 init 所使用的配置文件是（　　）。

    A．/etc/fstab

    B．/etc/inittab

    C．/etc/rc.d/rc sysinit

    D．/etc/rc.d/rc. local

3．ICICOS 默认的七个运行级别中，（　　）表示字符界面的完整多用户模式，支持使用网络但不支持图形桌面。

    A．1

    B．3

    C．5

    D．6

4．使用（　　）命令可以设置系统服务在不同运行级别的默认启动状态。

    A．service

    B．chkconfig

    C．init

    D．ntsysv

5．对于生产环境中正在提供服务的 httpd 服务，若要启用新的配置参数，执行（　　）操作是最可行、更安全的做法。

    A．service httpd start

    B．service httpd stop

    C．service httpd reload

    D．service httpd restart

二、简答题

1．简述 ICICOS 的基本引导过程。

2．ICICOS 中包括哪些运行级别？各自的含义是什么？

第 7 章 ICICOS 基础网络设置

在前面的章节中，已经学习了 ICICOS 的基本管理命令和技巧，为进一步学习 ICICOS 网络服务打下了基础，从本章开始，将开始学习 ICICOS 在文件服务、域名解析、网站等网络服务器方面的应用。

确保网络配置的正确性及网络连接的畅通是 ICICOS 作为服务器的应用基础，本章将讲解 ICICOS 基础网络配置方法，包括查看及测试网络配置、通过命令或配置文件修改网络配置、使用 DHCP 动态配置主机地址等内容。

本章重点：
- 虚拟机网卡使用介绍
- 网络配置相关的文件
- DHCP 服务器的构建
- DHCP 服务器安全

7.1 查看及测试网络配置

查看及测试网络配置是管理 ICICOS 网络服务的第一步，本节中将学习 ICICOS 中的网络查看及测试命令，其中讲解的大多数命令以普通用户权限就可以完成操作，但普通用户在执行"/sbin/"目录中的命令时需要指定命令文件的绝对路径。

7.1.1 查看网络配置

1. 使用 ifconfig 命令——查看网络接口地址

主机的网络接口卡（网卡）通常称为"网络接口"，在 ICICOS 中，使用 ifconfig 命令可以查看网络接口的地址配置信息（interface configuration）。

（1）查看活动的网络接口设备

当 ifconfig 命令不带任何选项和参数时，将显示当前主机中已启用（活动）的网络接口信息。例如，直接执行 ifconfig 命令后可以看到 eth0、lo 这两个网络接口信息。

```
root@ICICOS: ~#ifconfig
Eth0        link encap:ethernet hwaddr 00:0c:29:57:8B:DD
            Inet addr: 192.168.202.110       bcast: 192.168.202.255       mask:
255.255.255.0...        //省略部分内容
lo          link encap: local loopback
            Inet addr: 127.0.0.1 mask: 255.0.0.0
            … //省略部分内容
```

在上述输出结果中，eth0 对应为第一块物理网卡，lo 对应为虚拟机的环回接口。

eth0：第一块以太网卡的名称。"eth0"中的"eth"是"ethernet"的缩写，表示此卡类型为以太网，数字"0"表示第几块网卡。由于大多数主机中有一块物理网卡，因此"eth0"代表系统中唯一的网络接口。如果有多个物理网卡，则第 2 个网卡表示为"eth1"，第三块网卡表示为"eth2"，以此类推。

lo："回环"网络接口，"lo"是"loopback"的缩写，它并不代表真正的网络接口，而是一个虚拟的网络接口，其 IP 地址默认是"127.0.0.1"，回环地址仅用于对本机的网络测试。

（2）查看指定的网络接口信息

当只需要查看其中的某一个网络接口的信息时，可以使用网络接口名称为 ifconfig 命令的参数（不论该网络接口是否处于激活状态）。例如，执行"ifconfig eth0"命令后可以只查看网卡 eth0 的配置信息。

```
root@ICICOS: ~#ifconfig eth0
Eth0        link encap:ethernet hwaddr 00:0C:29:57:8B:DD
            Inet addr: 192.168.202.110 bcast:192.168.202.255 mask:255.255.255.0
            Inet6 addr:fe80::20c:29ff:fe57:8bdd/64 scope:link
            UP BROADCAST RUNNING MULTICAST MTU:1500 Metric:1
            RX packets:2316 errors:0 dropped:0 overruns:0 frame:0
            TX packets:1861 errors:0 dropped:0 overruns:0 carrier:0
            Collisions:0 txqueuelen:1000
            RX bytes:218230 (213.1 KiB)          TX bytes:236350 (230.8 KiB)
            Interrupt : 75 base address:0x2000
```

从上述命令显示的结果中，可以获知 eth0 网卡的一些基本信息，如下所述。

- "HWaddr"：表示网络接口的物理地址（MAC 地址），如"00:0C:29:57:8B:DD"，网络接口的物理地址通常不能更改，是网卡在生产时确定的全球唯一的硬件地址。
- "inet addr"：表示网络接口的 IP 地址，如"192.168.202.110"。
- "bcast"：表示网络接口所在网络的广播地址，如"192.168.202.255"。
- "mask"：表示网络接口的子网掩码，如"255.255.255.0"。

除此之外，还能够通过"TX,RX"等信息了解通过该网络接口发送和接收数据包个数、流量等更多属性。

2. 使用 hostname 命令——查看主机名称

在 ICICOS 中，相当一部分网络服务都会通过主机名来识别本机，如果主机位置不当，可能会导致程序功能出现故障，使用 hostname 命令可以查看当前主机的主机名，不用添加任何选项或参数。

```
root@ICICOS: ~# hostname
ICICOS
```

3. 使用 route 命令——查看路由表条目

ICICOS 中的路由表决定着从本机向其他主机、其他网络发送数据的去向，是排除网络故障的关键信息，直接执行 route 命令可以查看当前主机中的路由表信息，在显示的结果中，destination 列出对应目标网段的地址，gateway 列对应下一跳路由器的地址 Iface 列对应发送数据的网络接口。

```
root@ICICOS: ~# route
Kernel ip routing table
Destination  gateway  genmask        flags metric ref   use Iface
192.168.202.0 * 255.255.255.0 U         0      0          0        eth0
Default   192.168.202.1    0.0.0.0   UG   0   0   0   eth0
```

当目标网段为"Default"时，表示此行是默认网关记录，当下一跳为"*"时，表示目标网段是与本机直接相连的，例如，从上述输出信息可以看出，当前主机 192.168.202.0/24 网段直接相连，使用的默认网关地址是 192.168.202.1。

若结合"-n"选项使用，可以将路由记录中的地址显示为数字形式，这可以跳过解析主机名的过程，在路由表条目较多的情况下能够加快执行的速度，例如，执行"route -n"命令后，输出信息中的"*"地址将显示为"0.0.0.0"，默认网关记录中，"default"也将显示为"0.0.0.0"。

```
root@ICICOS: ~# route -n
Kernel ip routing table
Destination gateway genmask flags metric ref use iface
192.168.202.0 0.0.0.0 255.255.255.0 U 0 0 0 eth0
0.0.0.0 192.168.202.1 0.0.0.0 UG 0 0 0 eth0
```

4．使用 netstat 命令——查看网络连接情况

通过 netstat 命令可以查看当前系统的网络连接状态，路由表，接口统计等信息，是了解网络状态及排除网络服务的有效工具。以下是 netstat 命令常用的几个选项。

- -a 显示当前主机中所有活动的网络连接信息（包括监听、非监听状态的服务端口）。
- -n 直接使用 IP 地址，跳过解析主机名的过程。
- -r 显示路由表信息。
- -l 显示处于监听（listening）状态的网络连接及端口信息。
- -t 查看 TCP 协议相关的信息。
- -u 显示 UDP 协议相关的信息。
- -p 显示与网络连接相关的进程号，进程名称信息（该选项需要 root 权限）。

通常使用"-anpt"组合选项，以数字形式显示当前系统中所有的 TCP 连接信息，同时显示对应的进程信息。结合命令管道使用"grep"命令，还可以在结果中过滤出需要的特定记录。例如，执行以下操作可以查看本机中是否有监听"tcp 21"端口（即标准 FTP 服务）的服务程序，输出信息中包括 PID 号和进程名称。

```
root@ICICOS: ~# netstat -anpt | grep  " :21 "
Tcp     0    0 0.0.0.::21        0.0.0.0:*    LISTEN    1774/vdftpd
```

7.1.2　测试网络连接

1．使用 ping 命令——测试网络连通性

使用 ping 命令可以向目的主机持续地发送数据包，并显示反馈结果，直接按 Ctrl+C 组合键后终止测试，并显示最终统计结果，例如，以下操作将测试从本机到另一台主机 192.168.202.110 的连通性情况，连接正常时会收到返回的数据包。

```
root@ICICOS: ~# ping 192.168.202.110
Ping 192.168.202.110 (192.168.202.110) 56(84) bytes of data.
64 bytes from 192.168.202.110: icmp_seq=1 ttl=128 time=0.694 ms
64 bytes from 192.168.202.110: icmp_seq=1 ttl=128 time=0.694 ms
64 bytes from 192.168.202.110: icmp_seq=1 ttl=128 time=0.694 ms
64 bytes from 192.168.202.110: icmp_seq=1 ttl=128 time=0.694 ms
… //按 Ctrl+C 组合键中止执行
--- 192.168.202.110 ping statistics ---
2 packets transmitted, 2 received,0% packet loss,time 1162ms
rtt min/avg/max/mdev=0.274/0.454/0.694/0.210 ms
```

执行 ping 测试命令时，若不能获得从目的主机发回的反馈数据包，则表示在本机到目的主机存在网络连通性故障，例如，若看到"destination host unreachable"的反馈信息，则表示目的主机不可达，可能目的地址不存在或者主机已经关闭；若看到"network is unreachable"的反馈信息，则表示没有可用的路由记录（如默认网关），无法达到目的主机所在的网络。

```
root@ICICOS: ~# ping 192.168.202.123
Ping 192.168.202.123 (192.168.202.123) 56(84) bytes of data.
From 192.168.202.110 icmp_seq=2 destination host unreachable
From 192.168.202.110 icmp_seq=3 destination host unreachable
… //省略部分内容
```

当网络中存在影响通信过程稳定性因素（如网卡故障，病毒或网络攻击等）时，使用 ping 命令测试可能会频繁看到"request timeout"的反馈结果，表示与目的主机间的连接超时（数据包响应缓慢或丢失）。除此之外，当目的主机有严格的防火墙限制时，也可能收到发回"request timeout"的反馈结果。

2．使用 traceroute 命令——跟踪数据包的路由途径

使用 tranceroute 命令可以测试从当前主机到目的主机之间经过了哪些网络结点，并显示各中间结点的连接状态（响应时间）。对于无法响应的结点，连接状态将显示为"*"。例如，通过以下操作结果可以看出，从本机到目的主机 192.168.7.7 之间，中间跨越一个路由器 192.168.202.1。

```
root@ICICOS: ~# traceroute 192.168.7.7
Traceroute to 192.168.7.7 (192.168.7.7), 30 hops max,40 byte packets
    1    (192.168.202.1)   7.740 ms    15.581 ms  15.881 ms
    2    (192.168.7.7)     19.652 ms   19.995 ms  19.942 ms
```

Traceroute 命令能够比 ping 命令更加准确定位网络连接的故障点（中断点），执行速度也因此会比 ping 命令稍慢，在网络测试与排错过程中，通常会先使用 ping 命令测试与目的主机的网络连接，如果发现网络连接有故障，再使用 traceroute 命令跟踪查看是在哪个中间结点存在故障的。

7.2 设置网络地址参数

在前面已经学习了如何查看及测试网络地址，从本节开始学习如何来修改 ICICOS 主机的各种网络地址参数，在 ICICOS 主机中，手动修改网络配置包括两种最基本的方法。

（1）临时配置

通过命令行直接修改当前正在使用的网络地址，修改后立即可以生效。这种方式操作简单快速，执行效率高，一般在调试的过程中使用，但由于所做的修改并没有固定地存放在静态的文件中，因此当重启 network 服务或重启主机后将会生效。

（2）固定配置

通过配置文件来存放固定的各种网络地址，需要重启 network 服务或重启主机才会生效。这种方式操作上相对要复杂一些，但相当于"永久配置"。一般在需要为服务器设置固定的网络地址时使用。

7.2.1　使用网络配置命令

1. 使用 ifconfig 命令——修改网卡的地址、状态

ifconfig 命令不仅可以用于查看网卡配置，还可以修改网卡的 IP 地址，子网掩码也可以绑定虚拟网络接口、激活或停用网络接口。

（1）修改网卡的 IP 地址和子网掩码

需要设置网卡的地址时，命令格式如下所示。

ifconfig 网络接口名称 IP 地址　 IP 地址[netmask 子网掩码]

或者

ifconfig 网络接口名称 IP 地址[/子网掩码长度]

通常后一种方式用的更多一些，当不指定子网掩码时，将使用 IP 地址所在分类的默认子网掩码，指定新的 IP 地址和子网掩码以后，原有的地址将会失效。例如，执行以下操作可以将网卡 eth0 的 IP 地址设置为 192.168.168.1 子网掩码长度为 24。

root@ICICOS: ~#**ifconfig eth0 192.168.168.1/24**

或者

root@ICICOS: ~#**ifconfig eth0 192.168.168.1 netmask 255.255.255.0**

（2）禁用、激活网络接口

需要临时禁用或者重新激活指定的网络接口时，需要结合"down""up"开关选项，网络接口被禁用以后，将无法使用该网络接口与其他主机进行连接例如，执行以下操作将会禁用网卡 eth1。

root@ICICOS: ~#**ifconfig eth1 down**

（3）为网卡绑定虚拟接口

在对服务器网络进行调试的过程中，有时候需要临时在同一个网卡上使用一个新的 IP 地址，但是又不能覆盖原有的 IP 地址而导致服务程序不可用。这时可以为网卡绑定一个虚拟的网络接口，然后再为虚拟接口设置新的 IP 地址（相当于一块网卡配多个 IP 地址）。

例如，执行以下操作可以为网卡 eth0 添加一个虚拟接口 eth0:0，并将这个虚拟接口的 IP

地址设置为 172.17.17.17，虚拟接口的 IP 地址和网卡原有的 IP 地址都可以正常使用。

```
root@ICICOS: ~# ifconfig eth0:0 172.17.17.17
root@ICICOS: ~# ifconfig
eth0        link encap:ethernet hwaddr 00:0C:29:F3:B0:35
            Inet addr:192.168.1.1 bcast:192.168.1.255 mask:255.255.255.0
Inet6 addr: fe80:20c:29ff:fef3:b035/64 scope:link
            UP BROADCAST RUNNING MULTICAST MTU:1500 Metric:1
            RX packets:187 errors:0 dropped:0 overruns:0 farme:0
            TX packets:93 errors:0 dropped:0 overruns:0 frame:0
            Collisions:0 txquelen:1000
            RX bytes:21692 (21.1 KIB) TX bytes:12454 (12.1 KIB)
            Interrupt:168 Base address:0x200
Eth0:0      Link encap:Ethernet HWaddr 00:0C:29:EE:F4:B2
            Inet addr:172.17.17.17 Bcast:172.17.255.255 Mask:255.255.0.0
            UP BROADCAST RUNNING MULTICAST MTU:1500 Metric:1
            Interrupt:177 Base address:0x2000
```

可以根据需要添加更多的虚拟接口，如 "eth0" "eth0，2" …

2. 使用 route 命令——添加、删除静态路由记录

route 命令不仅可以用于查看路由表信息，还可以用来添加或删除静态的路由表条目，其中当然也包括设置默认网关地址（默认网关记录是一条特殊的静态路由条目）。

（1）添加、删除到指定网段的路由记录

通过 "route add" 操作可以添加路由记录，结合 "-net" 选项指定目标网段的地址，结合 "gw" 选项指定下一跳路由器的 IP 地址，例如，若要本机访问另一个网段 192.168.3.0/24 的数据包都发给 192.168.202.254，可以执行以下操作。需要注意的是，默认网关的 IP 地址应该与本机其中一个接口的 IP 地址在同一个网段内。

```
root@ICICOS: ~# route add -net 192.168.3.0/24 gw 192.168.202.254        //添加静态路由
root@ICICOS: ~# route -n
Kernel IP routing table
Destination     Gateway          Genmask    Flags Metric Ref      Use IFace
192.168.202.0   0.0.0.0          255.255.255.0 U 0 0 0  eth0
192.168.3.0     192.168.202.254  255.255.255.0 UG 0 0  0  eth0
```

通过 "route del" 操作可以删除路由记录，只要结合 "-net" 选项指定对应路由记录中目标网段的地址即可。例如，执行以下操作可以删除前面添加到 192.168.3.0/24 网段的静态路由条目。

```
root@ICICOS: ~# route del -net 192.168.3.0/24
root@ICICOS: ~# route -n
Kernel ip routing table
Destination     gateway    denmask        flage metric ref      use iface
192.168.202.0   0.0.0.0    255.255.255.0   U    0    0      0    eth0
```

（2）添加、删除默认网关记录

添加、删除默认网关记录时，与添加、删除静态路由记录的命令格式类似，但指定目标网段时只需简单地使用 "default" 表示即可，无须再使用 "−net" 选项指明网段地址。例如，执行以下操作先将删除已有的到 192.168.202.1 的默认网关记录，再添加到 192.168.202.254 的默认网关记录。

```
root@ICICOS: ~# route | grep  " default "                //查看原路由表中的默认网关记录
Default          192.168.202.1          0.0.0.0          UG 0    0    0    eth0
root@ICICOS: ~# route del default gw 192.168.202.1//删除默认网关记录 192.168.202.1
root@ICICOS: ~# route | grep  " default "      //确认删除结果（检测时无输出）
root@ICICOS: ~# route add default gw 192.168.202.254   //添加新的默认网关记录 192.168.202.254
root@ICICOS: ~#route | grep  " deault "
Default     192.168.202.254          0.0.0.0     UG 0    0    0 eth0
```

需要注意的是，在同一个主机的路由表中只有一条默认网关记录，若同时存在多条默认网关记录，可能会导致该主机的网络出现故障。

3．使用 hostname 命令——修改主机的名称

hostname 命令不仅可以用于显示当前主机名称，还可以修改当前主机的名称，在新登录的用户会话（Shell 环境）中，命令提示符中的主机名部分也会出现相应的变化，例如，执行 "hostname www.test.com" 命令可以将主机命名为 www.benbet.com。

```
root@ICICOS: ~# hostname                  //查看原来的主机名
Localhost.localdomain
root@ICICOS: ~# hostname www.test.com      //设置新的主机名
root@ICICOS: ~# hostname                  //确认新的主机名
www.test.com
root@ICICOS: ~# bash
root@www ~#
```

7.2.2 修改网络配置文件

当需要 ICICOS 设置固定的网络地址时，若还是用 ifconfig，hostname 等网络命令来进行设置，将会大大降低服务器运行的可靠性。若要使 ICICOS 主机在重启系统以后仍然能够使用相同的网络配置，那么直接修改配置文件是最好的方法。

下面将分别介绍最常见的几个网络配置文件。

1．网络接口配置文件

网络接口的配置文件默认位于目录 "/etc/network/interfaces" 中。

```
root@ICICOS: ~# cat /etc/network/interfaces
# This file describes the network interfaces available on your system
# and how to activate them. For more information, see interfaces(5).

…//省略部分内容
#iface eth0 inet dhcp
auto eth1
iface lo inet loopback
allow-hotplug eth1
```

```
iface eth1 inet static
        address 192.168.202.214
        network 192.168.202.0
        netmask 255.255.255.0
        broadcast 192.168.202.255
        gateway 192.168.202.1

#auto cdma
#iface cdma inet ppp
#provider cdma
```

在网卡的配置文件中，可以看到设置静态 IP 地址的典型内容如下。

```
DEVICE=eth1
ONBOOT=yes
BOOTPROTO=static
IPADDR=192.168.202.214
NETMASK=255.255.255.0
GATEWAY=192.168.202.2
```

上述各配置项的含义及作用如下。

DEVICE：设置网络接口的名称。

ONBOOT：设置网络接口是否在 ICICOS 启动时激活（设置为有效）。

BOOTPROTO：设置网络接口的配置方式，值为"static"时表示使用静态指定的 IP 地址，值为"dhcp"时表示通过 DHCP 的方式动态获取地址。

IPADDR：设置网络接口的 IP 地址。

NETMASK：设置网络接口的子网掩码。

GATEWAY：设置网络接口的默认网关地址。

2. 启用、禁用网络接口配置

在 ICICOS 中，当修改了网络接口的配置文件以后，若要使用新的配置生效，可以重新启动 network 服务器或者重启主机，默认情况下，重启 network 服务将会先关闭所有的网络接口，然后再根据配置文件重启所有的网络接口。

如果只想禁用，启用某一个网络接口（而不是所有接口），可分别使用两个接口控制脚本 ifdown 和 ifup。例如，执行以下操作将会先关闭 eth0 网卡，然后再根据配置文件启用 eth0 网卡。

```
root@ICICOS: ~# ifdown eth0
root@ICICOS: ~# ifup eth0
```

3. 主机名称配置文件

若要修改 ICICOS 系统名，可以修改配置文件/etc/hostname，在此文件中，"HOSTNAME"行用于设置主机名，而"NETWORKING"和"NETWORKING.IPV6"行分别用于设置 IPv4、IPv6 网络接口的默认启用状态。例如，执行以下操作可以将主机名由默认的 localhost.localdomain 改为 www.test.com。

```
root@ICICOS: ~#vim /etc/hostname
```

ICICOS

4．域名解析配置文件

（1）指定为本机提供 DNS 解析服务器地址

/etc/resolv.conf 文件中记录了本机默认使用的 DNS 服务器的地址信息，对该文件所做的修改将会立刻生效。ICICOS 最多可以指定 3 个（第三个以后将被忽略）不同的 DNS 服务器地址，优先使用第一个 DNS 服务器。例如，执行以下操作可以指定默认使用的两个 DNS 服务器地址分别位于 202.106.0.20 和 202.106.148.1。

```
root@ICICOS: ~# vim /etc/resolv.conf
Nameserver 202.106.0.20
Nameserver 202.106.148.1
```

Resolv.conf 文件中的"search localdomain"行用来设置默认的搜索域（域名后缀）。例如，当访问主机"localhost"时，就相当于访问"localhost.localdomain"。

（2）本地主机映射文件

/etc/hosts 文件中记录着一份主机名与 IP 地址的映射关系表，一般用来保存经常需要访问的主机信息。当访问一个未知的域名时，先查找该文件中是否有相应的映射记录，如果找不到然后再去向 DNS 服务器查询。

例如，若在/etc/host 文件中添加"119.75.218.70 www.baidu.com"的映射记录，则当访问网站 www.baidu.com 时，将会直接向 IP 地址 119.75.218.70 发送 Web 请求，省略了向 DNS 服务器解析 IP 地址的过程。

```
root@ICICOS: ~# cat /etc/hosts
127.0.0.1   ICICOS    localhost.localdomain   localhost
… //省略部分内容
119.75.218.70    www.baidu.com
```

对于经常访问的一些网站，可以通过在/etc.hosts 文件添加正确的映射记录，减少 DNS 查询过程，从而提高上网速度。当然，若添加了错误的映射记录，则可能会导致网络访问出现异常。另外，正因为 hosts 文件只保存在本地，所以其中的映射记录也只适用于当前主机，而无法作用于整个网络。

ICICOS 从一开始就是为网络而设计的。它内置了以前仅在高端企业产品中才可见到的成熟功能。然而，尽管拥有所有这些强大的能力，ICICOS 网络的配置却远没有 Windows 网络的配置复杂。诸如 Webmin、redhat-config-network 和 YAST 这样的工具允许执行图形化的配置。诸如 ifconfig 和 route 这样的工具允许通过控制台或脚本查看和修改网络参数。诸如 netstat 这样的工具允许查看单独的网络连接，并显示它们与运行着的进程的关系。

7.3　使用 DHCP 动态配置主机地址

当局域网中有大量的主机时，如果逐个为每一台主机手动设置 IP 地址、默认网关、DNS 服务器地址等网络参数，显然是一个费力也未必讨好的方法。而 DHCP（dynamic host configuration protocol，动态主机配置协议）服务器的应用，正好可以解决这一问题。

DHCP 的典型应用模式如下：在网络中架设一台专用的 DHCP 服务器，负责集中分配各种网络地址参数（主要包括 IP 地址、子网掩码、广播地址、默认网关地址、DNS 服务器地址）；其他主机作为 DHCP 客户机，将网卡配置为自动获取地址，即可与 DHCP 服务器进行通信，完成自动配置过程。

下面将分别介绍在 ICICOS 中搭建 DHCP 服务器、使用 DHCP 客户端的过程。

7.3.1　配置 DHCP 服务器

1. 安装 DHCP 服务器软件

安装 DHCP 服务器软件包后系统将会自动复制相关程序，并添加名为 dhcpd 的系统服务。

```
root@ICICOS: ~#tar -zxvf dhcp-4.4.2.tar.gz
root@ICICOS: ~#cd dhcp-4.4.2
root@ICICOS: ~#dhcp-4.4.2#LDFLAGS='-latomic' ./configure
root@ICICOS: ~#dhcp-4.4.2#make & make install
```

2. 建立主配置文件 dhcp.conf

dhcpd 服务的主配置文件位于/etc/dhcpd.conf，但是该文件中默认并不包含任何有效配置，需要管理员手动建立，同时数据库文件也需要管理员手动建立，数据库的配置文件位于/var/db/dhcpd.leases。这时管理员可以根据文件中的提示，参考配置文件范本建立新的dhcpd.conf 文件。

```
root@ICICOS: ~# touch /etc/dhcpd.conf
root@ICICOS: ~# cat /etc/dhcpd.conf
root@ICICOS: ~# mkdir -p /var/db
root@ICICOS: ~#touch /var/db/dhcpd.leases
```

（1）/etc/dhcpd.conf 文件的配置构成

在主配置文件/etc/dhcpd.conf 中，可以使用声明、参数、选项这三种类型的配置，各自的作用和表现形式如下所述。

- 声明：用来描述 dhcpd 服务器中网络布局的划分，是网络设置的逻辑范围，较常见的声明是 subnet，host，其中 subnet 声明用来约束一个网段，host 声明用来约束一台特定的主机。
- 参数：由配置关键字和对应的值组成，总是以分号";"结束，一般位于指定的声明范围之内，用来设置所在范围的运行特性（如默认租约时间等）。
- 选项：由"option"引导，后面跟具体的配置关键字和对应的值，也是以分号";"结束，用于指定分配给客户机的各种地址参数（如默认网关地址、子网掩码、DNS 服务器地址等）。

例如，通过查看复制过来的范本配置内容，可以识别其主要配置构成如下所示。其中，不处于任何声明范围内的配置参数、配置选项，也称为全局配置，全局配置将会影响整个DHCP 服务器。

```
default-lease-time 600;                              //全局配置参数
…
Subnet 192.168.0.0 netmask 255.255.255.0      {      //网段声明
```

```
        option routers 192.168.0.1;                      //配置选项
        …
        Default-lease-time   21600;                      //配置参数
        …
        Host ns     {                                    //主机声明
                …
                Fixed-address   207.175.42.254;          //配置参数
        }
```

（2）确定 dhcpd 服务的全局配置

为了使配置文件的结构更加清晰，全局配置通常会放在配置文件 /etc/dhcpd.conf 的开头部分，可以是配置参数，也可以是配置选项，常用的全局配置参数和选项如下所述。

- Default-lease-time，默认租约时间，单位为 s，表示客户端可以 con 给 DHCP 服务器租用某个 IP 地址的默认时间。
- Max=lesse-time，最大租约时间，单位为 s，表示允许 DHCP 客户端请求的最大租约时间，当客户端未请求明确的租约时间时，服务器将采用默认租约时间。
- option domain=name，默认搜索区域。为客户机指定解析主机名的默认搜索域，该配置选项将体现在客户机的/etc/resolv.conf 配置文件中，如 "search bebet.com"。
- option domain-name-servers，DNS 服务器地址，为客户机指定解析域名时使用的 dns 服务器地址，该配置选项同样将体现在客户机的/etc/resolv.conf 配置文件中（如 "nameserver 202.106.0.20"）。需设置多个 dns 服务器地址时，应以逗号进行分隔。

例如，若需要为局域网搭建一台 DHCP 服务器，所有网段使用相同的租用时间，默认搜索域为 test.com.dns 服务器地址为 202.106.0.20 和 202.106.148.1，则可以修改 dhcpd.conf 配置文件，参考以下操作调整全局配置。

```
root@ICICOS: ~# vim /etc/dhcpd.conf
Ddns-update-style none;                      //禁用 dns 动态更新
Default-lease-time 21600                      //默认租约为 6h
Max-lease-time 43200                         //最大租约为 12h
option domain-name    " test.com ";          //指定默认搜索域
option domain-name-servers 202.106.0.20,202.106.148.1;
//指定 dns 服务器地址
```

（3）确定 subnet 网段声明

一台 DHCP 服务器可以为多个网段提供服务，因此 subnet 网段声明必须有而且可以有多个，例如，若要 DHCP 服务器为 192.168.202.0/24 网段提供服务，用于自动分配的 IP 地址范围为 192.168.202.128～192.168.202.254，为客户机指定默认网关地址为 192.168.202.1，则可以修改 dhcpd.conf 配置文件，参考以下内容调整 subnet 网段声明。

```
root@ICICOS: ~# vim /etc/dhcpd.conf
Subnet 192.168.202.0 netmask 255.255.255.0 {              //声明网段地址
    Range      192.168.202.128      192.168.202.254;      //设置地址池，可以有多个
    option subnet-mask         255.255.255.0;             //设置子网掩码
    option routers             192.168.202.1;             //指定默认网关地址
}
```

（4）确定 host 主机声明（可选）

host 声明用于设置单个主机的网络属性，通常用于为网络打印机或个别服务器分配固定的 IP 地址（保留地址）。这些主机的共同特点是要求每次获取的 IP 地址相同，以确保服务的稳定性。

host 声明通常会放在所在网段的 subnet 声明范围内，通过 host 关键字指定需要使用保留地址的客户机名称，并使用"hardware ethernet"参数指定该主机的 MAC 地址，使用"fired-address"参数指定保留给该主机的 IP 地址。例如，若要为打印机 prtsvr（MAC 地址为 00.c0.c3.22.46.81）分配固定的 IP 地址 192.168.202.100，可以修改 dhcpd.conf 配置文件。参考以下内容在网段声明内添加以下 host 主机声明。

```
Host prtsvr{
        Hardware ethernet 00:c0:c3:22:46:81;
        Fixed-address 192.168.202.100;
}
```

3．启动 dhcpd 服务

成功运行 dhcpd 服务以后，可以通过查看租约文件/var/db/dhcpd.lease 来了解服务器的 IP 地址分配情况，该租约文件中记录了出去的每个 IP 地址信息（租约记录），包括 IP 地址、客户端的 MAC 地址、租用的起始时间和结束时间等。

```
root@ICICOS: ~#less /var/db/dhcpd.leases
… //省略部分内容
Lease        192.168.202.254        {
Starts    4    2018/02/24        20:15:20;
Ends 5 2018/02/25        02:15:20;
Binding state        active;
Next binding state free;
Hardware ethernet        00:0c:29:ae:1c:25;
}
```

7.3.2　使用 DHCP 客户端

当局域网内有可用的 DHCP 服务器时，在 ICICOS 客户机中可以设置 DHCP 的方式获取地址。只需要编辑对应网卡的配置文件，修改或添加"BOOTPROTO=dhcp"配置行，并重新加载配置文件或者重新启动 network 服务即可。例如，执行以下操作可修改网卡配置文件，并重新加载配置以通过 DHCP 方式自动获取地址。

```
root@ICICOS: ~# vim /etc/sysconfig/network-scripts/ifcfg-eth0
DEVICE=eth0
ONBOOT=yes
BOOTPROTO=dhcp
root@ICICOS: ~# ifdown eth0 ; ifup eth0
Determining ip information for eth0… done.
```

在 ICICOS 客户机中，还可以使用 dhclient 工具来测试 DHCP 服务器，该命令程序由软件包 dhclient-4.1.1-38.P1.el6.x86_64.rpm 提供。若直接执行 dhclient 命令，则 dhclient 将尝试为除回环接口 lo 以外的所有网络接口通过 DHCP 方式申请新的地址，然后自动转入后台继续运行。当然，测试时可以指定一个具体的网络接口，并结合"-d"选项使其在前台运行，测试完毕后按 Ctrl+C 组合键终止，例如，执行"dhclient -d eth0"命令后，可以为网卡 eth0 自动获取新的 IP 地址，并显示获取过程。

```
root@ICICOS: ~# dhclient -d eth0
Internet systems consortium dhcp client v3.0.5-redhat
Copyright 2004-2006 internet systems consortium
All rights reserved.
For info.please visit http://ww.isc.org/sw/dhcp/
Listening on life/eth0/00:0c:29:ee:lc:25
Readcsering on life/eth0/00:0c:29:ee:25
Beaning on rocket/fallhack
DRCPCIRCCPTR on eth0 to 255.255.255.255 port 67 interval 8      //dhcp 发现
IMCPCFFRR from 192.168.202.110                                  //dhcp 提供
IMCFRQURRT on eth0 to 255.255.255.255 port 67                   //dhcp 请求
DRCRPCR from          192.168.202.110                           //dhcp 确认
Hostd to 192.168.202.254—renewal in 9220 seconds
--- //指 Ctrl+C 组合键终止
```

需要通过 dhclient 命令释放获取的 IP 租约时，可以结合"-f"选项，例如，执行"dhclient -r eth0"将会释放之前为网卡 eth0 获取的 IP 租约。

```
root@ICICOS: ~# dhclient -r eth0
Internet systems conarotion dhcp client v3.0.5-redhat
Copyright 2004-2004 internet systems conaoritum
All sligent success
Full lefs,please visit http://www.isc.org/ww/dhcp/
```

7.3.3　DHCP 安全

Google 安全小组的 Felix Wilhelm 在 2018 年发现漏洞（CVE-2018-1111）驻留在 DHCP 客户端软件包中的 NetworkManager 集成脚本中，由于该脚本主要是用于为使用 DHCP 协议获取网络配置，当用户主机连接到网络后，它会发出 DHCP 请求来获取网络配置参数，例如 IP 地址和 DNS 服务器。而带有恶意 DHCP 服务器，或者连接到与受害者相同网络的攻击者则会通过伪造 DHCP 响应来利用该漏洞在目标系统上以 root 权限执行任意命令。

解决方案：所有运行 dhclient 软件包受感染版本的客户尽快进行更新。

7.4　实验案例：构建 DHCP 服务器

1．实验环境

公司要求将闲置的一台安装了 ICICOS 的主机配置为 DHCP 服务器，以便为局域网内员工的办公用机提供自动分配 IP 地址服务，提高网络管理和维护的效率。

2. 需求描述

为确保实验成功，关闭 VMware 自带 DHCP 功能，虚拟机网卡设置为 Vmnet1 私有网络网卡。

DHCP 服务器的主机名为 dhcpsvr.test.com，IP 地址为 192.168.202.110/24。

用于给局域网内各主机自动分配的 IP 地址范围为 192.168.202.20～192.168.202.200。

局域网内各主机使用的默认网关地址为 192.168.202.1。

局域网内各主机使用的 DNS 服务器地址分别为 192.168.202.2 和 192.168.202.3，DNS 服务器的主机名分别为 ns1.test.com 和 ns2.test.com。

网络打印机设备（可在网络内另找一台 windows 主机，执行"ipconfig/all"命令查知其 mac 地址）的主机名称为 prsvt，要求自动分配固定 IP 地址为 192.168.202.9。

3. 推荐步骤

（1）确认服务器的网络地址设置正确

① 修改网卡 eth0 的配置文件 ifcfg-eth0。将 IP 地址设为 192.168.202.110/24 默认网关地址设为 192.168.202.1。

② 修改主机名配置文件 network，将主机名设为 dhcpsvr.test.com。

③ 修改本地主机映射文件 hosts，添加 dhcpsvr、ns1、ns2、prsvr 这四台主机的 IP 地址映射记录，以便提高主机查找效率。

④ 修改域名解析配置文件 resolv.conf，添加两行配置记录，指定两台 DNS 服务器的 IP 地址分别为 192.168.202.2 和 192.168.202.3。

⑤ 重新启动主机，以便修改的各种地址配置生效。

（2）安装并配置 DHCP 服务

① 挂载 ICICOS 光盘，安装 dhcp-4.1.1-38.P1.el6.x86_64.tar.gz 软件包。

② 编辑 dhcp.conf 配置文件，根据提议要求添加 subnet 声明及"option routers""option domain-name-servers"配置选项，range 配置参数，添加 host 声明为 prtsv 绑定固定 IP 地址，适当调整全局配置。

③ 启动 DHCP 服务，确认服务监听正常。

（3）测试 DHCP 自动获取地址

① 在客户机中，将网卡设置为自动获取地址，验证是否成功。

② 在网络打印机 prsvt 中，验证是否能够成功获取保留的 IP 地址 192.168.202.9。

7.5 本章总结

- 使用 ifconfig 命令可以查看配置网络接口的属性。
- 使用 route 命令可以查看、管理主机的路由表记录。
- 使用 ping 和 traceroute 命令可以测试主机的网络连接。
- 配置文件 ifcfg-eth0，network，hosts，resolv.conf 等可分别用于设置主机的 IP 地址、主机名、域名映射、dns 服务器地址等参数。
- 配置 DHCP 服务器可以为客户机动态分配网络地址。

7.6　章节自测

一、选择题

1. 要对系统中的网络接口 eth0 的 IP 进行配置，需要修改（　　）文件。

　　A．/etc/sysconfig/network-scripts/ifcfg-lo

　　B．/etc/sysconfig/network-scripts/ifcfg-eth0

　　C．/etc/stsconfig/network

　　D．/etc/init.d/network

2. 修改了多个网络接口的配置文件后，使用（　　）命令可以使全部的配置生效。

　　A．/etc/init.d/network stop

　　B．/etc/init.d/network start

　　C．/etc/init.d/network restart

　　D．ifdown eth0 与 ifup eth0

3. 使用以下（　　）命令，可以查看本机的路由表信息。

　　A．route print

　　B．route -n

　　C．show ip route

　　D．tracerroute

4. 在 DHCP 服务器的配置文件中，通过（　　）配置选项为客户机指定默认网关地址。

　　A．option routers

　　B．option domain-name-servers

　　C．option gateway

　　D．option domain-name

5. 在 DHCP 服务器的配置文件中，通过（　　）配置参数中用于分配的 IP 地址范围。

　　A．Fixed-address

　　B．Default-lease-time

　　C．Range

　　D．Ddns-update-style

二、简答题

1. 列举 ICICOS 中的主要网络配置文件并说明其作用。

2. 设置网络地址时可使用临时配置和固定配置两种方式，简述各自的特点和差异。

三、操作题

1. 修改配置文件，将当前主机的 IP 地址改为 172.16.16.11，主机名改为 dhcpsvr.

2. 为网卡 eth0 添加两个虚拟接口 eth0:0、eth0:1，其对应的 IP 地址分别为 192.168.7.7/24，192.168.8.8/24。

3. 搭建 DHCP 服务器，为 172.16.16.0/24 网段提供自动分配地址服务，使用的地址池范围为 172.16.16.120～172.16.16.180，并为网段内的网络打印机（MAC 地址为 00:c0:c3:22:46:81）分配固定的 IP 地址 172.16.16.16。

第 8 章 Samba 文件共享服务及安全

随着计算机网络的出现，各种各样的服务器和主机不再是一个单独的个体。网络给人们带来的最直接好处，就是可以在主机之间快速分享资源及相互通信。本章将学习跨平台的文件共享解决方案——Samba 服务器的构建。

本章重点

- 在 ICICOS 中访问共享文件夹
- 匿名共享和用户验证共享的设置
- Samba 服务安全

8.1 Samba 服务基础

在 Windows 网络环境中，主机之间进行文件和打印机共享是通过微软公司的 SMB/CIFS 网络协议实现的。SMB（server message block，服务消息块）和 CIFS 在 Samba 项目出现之前，并不能直接与 ICICOS/Linux/UNIX 系统进行通信。

Samba 是著名的开源软件项目之一，它在 ICICOS/Linux/UNIX 系统中实现了微软的 SMB/CIFS 混合网络协议，从而使得跨平台的文件共享变得更加容易。在部署 Windows、ICICOS/Linux/UNIX 混合平台的企业环境时，选用 Samba 可以很好地解决不同系统之间的文件互访问题。

Samba 服务器使用 smbd 服务程序，负责为客户机提供服务器中共享资源（目录和文件等）的访问。

安装好 Samba 软件包以后，在 ICICOS 中的/usr/local/samba/sbin/目录下使用以下命令启动 Samba 服务器程序。

```
root@ICICOS: ~# /cd/usr/local/samba/sbin
root@ICICOS: sbin# ./smbd
root@ICICOS: sbin# ./nmbd
```

启动 smb 服务以后，会加载 smbd 程序组件。使用 netstat 命令可以验证服务进程状态，其中 smbd 程序负责监听 TCP 协议的 139 端口（SMB 协议），445 端口（CIFS 协议）。

```
root@ICICOS: ~# netstat -tlnp |grep smb
tcp        0      0 0.0.0.0:139          0.0.0.0:*              LISTEN      1364/smbd
tcp        0      0 0.0.0.0:445          0.0.0.0:*              LISTEN      1364/smbd
```

Samba 服务的配置文件位于/etc/samba/目录中，其中 smb.conf 是主配置文件。在 smb.conf 文件中，以"#"号开始的是行注释性的文字，以";"开始的行表示配置样例。在配置共享文件夹时，用户可以参考文件中提供的样例进行设置。去掉注释行、样例行及空行以外的内容，才是 Samba 服务器的有效配置。例如，使用 grep 命令可以过滤出 smb.conf 文件的有效配置。

```
root@ICICOS: ~# grep -v "#" /etc/samba/smb.conf | grep -v "^;" | grep -v "^$"
[global]
    workgroup = workgroup
    server string = %h server
    include = /etc/samba/dhcp.conf
    dns proxy = no
    log file = /var/log/samba/log.%m
    max log size = 1000
    syslog = 0
    panic action = /usr/share/samba/panic-action %d
    encrypt passwords = true
    passdb backend = tdbsam
    obey pam restrictions = yes
    unix password sync = yes
    passwd program = /usr/bin/passwd %u
    passwd chat = *Enter\snew\s*\spassword:* %n\n *Retype\snew\s*\spassword:* %n\n *password\
supdated\ssuccessfully* .
    pam password change = yes
  [homes]
            comment = Home Directories
            browseable = no
            read only = yes
            create mask = 0700
            directory mask = 0700
            valid users = %S
  [nas]
    comment = loongson nas
    read only = no
    locking = no
    path = /home/nas
    guest ok = yes
  [printers]
    comment = All Printers
    browseable = no
    path = /var/spool/samba
    printable = yes
    guest ok = no
    read only = yes
    create mask = 0700
  [print$]
    comment = Printer Drivers
    path = /var/lib/samba/printers
    browseable = yes
    read only = yes
    guest ok = no
```

从以上内容可以看出，smb，conf 文件中的配置内容默认包括以下 3 个部分。

[global]全局设置：这部分配置项的内容对整个 Samba 服务器都有效。

[homes]宿主目录共享设置：设置 ICICOS 用户的默认共享，对应用户的宿主目录。当用户访问服务器中与自己用户名同名的共享目录时，通过验证后将会自动映射到该用户的宿主文件夹中。

[printers]打印机共享设置：如果需要共享打印机设备，可以在这部分进行配置。

若需要在 smb.conf 文件中设置新的共享文件，只需要增加一段如"[myshare]"开始的共享设置即可，其中"myshare"为用户自定义的共享名。新的共享文件夹设置可以参考"[homes]"和"[printers]"部分的内容，具体配置方法将在下一节讲解。

下面列出 smb.conf 文件中常见的一些配置项及其含义说明，如表 8-1 所示。

表 8-1 Samba 服务器的常见配置项及含义说明

配 置 项	说 明
workgroup	设置服务器所在的工作组名称，例如"WORKGROUP"（Windows 主机默认工作组名）
server string	设置服务器的说明文字，用于描述 Samba 服务器
security	设置服务器的安全级别，可设为以下四个值中的一个：share（可匿名访问）、user（需有本服务器验证用户名及密码）、server（需指定另一台服务器来证明用户名及密码）、domain（由 Windows 域控制器验证用户名及密码）
log file	设置 Samba 服务器的日志文件，默认设置为"/var/log/samba/%m.log"，表示将日志文件保存到 /var/log/samba/目录中，按每个客户机建立一个日志文件，其中"%m"变量表示客户端主机名或 IP 地址
passwd backend	设置共享账户文件的类型，默认使用 tdbsam（TDB 数据库文件）。若网络内拥有 LDAP 目录认证，这里可以改用 ldapsam 数据库文件；另外，若要兼容旧版的 Samba 密码文件，也可以将类型设为 smbpasswd
comment	设置对应共享目录的注释、说明信息
path	设置对应共享目录在服务器中的文件夹路径
browseable	设置该共享目录在"网上邻居"中是否可见，设置为 no 时相当于隐藏共享目录
guset ok	设置是否所有人都可以访问共享目录，与"public"配置项的作用相同
writable	设置该共享目录是否可写，与"read only"配置项的作用相反

Samba 服务器提供了一个配置文件检查工具——testparm 程序，使用 testparm 工具可以对 smb.conf 配置文件的正确性进行检查，如果发现有错误将会进行提醒。例如，当配置文件中的 public 共享设置未指定文件夹路径时，执行 testparm 检测会给出提示"WARNING；No path in service public..."。

```
root@ICICOS: ~# testparm
Load smb config files from /etc/samba/smb.conf
rlimit_max: rlimit_max (1024) below minimum Windows limit (16384)
Processing section "[homes]"
Processing section "[nas]"
Processing section "[printers]"
Processing section "[print$]"
Loaded services file OK.
Server role: ROLE_STANDALONE
Press enter to see a dump of your service definitions
```

```
[global]
             server string = %h server
             obey pam restrictions = Yes
             pam password change = Yes
             passwd program = /usr/bin/passwd %u
             passwd chat = *Enter\snew\s*\spassword:* %n\n *Retype\snew\s*\spassword:* %n\n
             *password\supdated\ssuccessfully* .
             unix password sync = Yes
             syslog = 0
             log file = /var/log/samba/log.%m
             max log size = 1000
             dns proxy = No
             panic action = /usr/share/samba/panic-action %d


[homes]
             comment = Home Directories
             valid users = %S
             create mask = 0700
             directory mask = 0700
             browseable = No


[nas]
             comment = loongson nas
             path = /home/nas
             read only = No
             guest ok = Yes
             locking = No


[printers]
             comment = All Printers
             path = /var/spool/samba
             create mask = 0700
             printable = Yes
             browseable = No


[print$]
             comment = Printer Drivers
             path = /var/lib/samba/printers
```

关于 smb.conf 文件中的更多配置项，可以执行"man smb.conf"命令查阅帮助。

8.2　构建文件共享服务器

上节介绍了 Samba 服务的基本知识，并了解了主配置 smb.conf 文件中常用的一些配置项。接下来将学习如何设置文件夹共享，包括匿名访问和用户验证的共享设置，以及账户映射和客户机访问控制等常见配置。

8.2.1　可匿名访问的共享

可匿名访问的共享适用于公开的资源共享，一般只建议提供只读访问。由于匿名共享不需要验证用户名和密码（或允许提供任意用户名、密码）就可以访问，在安全性要求不高的情况下，可以非常方便、快捷地与其他主机共享资源。

设置匿名共享文件夹时，在主配置文件 smb.conf 中主要调整两个地方即可：其一，可以将默认的安全级别修改为 share；其二，添加一段共享目录配置。其他配置项根据实际需要进行更改。例如，若要将本地挂载的光盘目录/media/cdrom/发布为共享文件夹，共享名为 ICICOS Linux，可以参照以下步骤进行设置。

```
root@ICICOS: ~# mount/dev/cdrom /media/cdrom/     //挂载 ICICOS 的 DVD 光盘
mount:block device /dev/cdrom is write-protected,mounting read-only
root@ICICOS: ~# vim /etc/samba/smb.conf
[global]
        workgroup=WORKGROUP              //使用 Windows 主机的默认工作组
        security=share                   //默认允许匿名访问
.../ /省略部分内容
[ICICOS]
        comment=ICICOS 匿名.
        path=/home/loongson
        public=yes
        read only=yes

root@ICICOS: ~# service smb reload
重新输入 smb.conf 文件：
                        [确定]
```

配置完毕后，就可以从 Windows 客户机或 ICICOS 客户机中浏览并匿名访问此共享了。关于在 ICICOS 主机中访问共享文件夹的方法，将在后面的章节中讲解。

8.2.2　需用户验证的共享

匿名共享虽然用起来非常方便，但因为任何人都可以访问到共享的文件数据，在某些时候可能会导致信息的泄露。例如，当销售部人员 test 将商品报价数据匿名共享给销售经理 Tony 时，另一个同事 Jerry 可能无意中正好看到了这些共享的数据，而 test 仍然毫无察觉。

设置用户验证的共享文件夹时，在配置文件 smb.conf 中同样需要调整两个地方；其一，将默认的安全级别修改为 share；其二，添加共享目录配置，指定用户权限。在此之前，还需要先创建授权的共享账户。

1. 建立 Samba 用户数据库

为了区别 ICICOS 中的系统用户，通常将用于服务 Samba 共享资源的用户称为共享用户。Samba 服务器使用独立的共享账号数据库文件，其中的账号名称必须有它同名的系统用户对应，以便主机对共享访问的读写权限进行控制；但共享用户的密码是额外设置的，可以与系统用户的密码不一样。

　　Samba 共享用户的账号数据库文件默认位于/usr/local/samba/private/passdb.tdb，是一个经过加密的文件，其中保存了 Samba 用户的账号名称、登录密码、账号可用状态等信息。使用 pdbedit 工具可以对共享用户进行管理。当执行"pdbedit -a -u tony"命令可以添加一个名为 tony 的 Samba 共享用户，其中的"-a"选项表示添加，"-u"选项用于指定用户名称（也可以省略 "-u"选项直接指定用户名）。

```
root@ICICOS: ~# useradd test                    //先添加系统用户 test
root@ICICOS: ~#pdbedit -a -u test               //再添加共享用户 test
password:                                        //设置共享用户 test 的密码
Retype new password:                             //重复输入密码进行确认
Unix username:          test
NT username:
Account Flags:          [U          ]
User SID:               S-1-5-21-3712763683-1566656984-4279714456-1000
Primary Group SID:      S-1-5-21-3712763683-1566656984-4279714456-513
Full Name:
Home Directory:         \\icicos\test
HomeDir Drive:
Logon Script:
Profile Path:           \\icicos\test\profile
Domain:                 ICICOS
Account desc:
Workstations:
Munged dial:
Logon time:             0
Logoff time:            never
Kickoff time:           never
Password last set:      五, 18 12 月  2020 17:13:36 CST
Password can change:    五, 18 12 月  2020 17:13:36 CST
Password must change: never
Last bad password    : 0
Bad password count   : 0
Logon hours          : FFFFFFFFFFFFFFFFFFFFFFFFFFFFFFFFFFFFFFFFFFFF
```

　　执行"pdbedit -L"命令可以列出所有的 Samba 共享用户，若只想查看某一个用户的信息，可以指定用户名称作为参数，结合"-v"选项可以输出更详细的内容。

```
root@ICICOS: ~# pdbedit -L          //列出所有 samba 用户
loongson:1000:loongson,,,,
test:1029:
root@ICICOS: ~# pdbedit -vL test //只列出 test 用户，输出详细信息
Unix username:          test
NT username:
Account Flags:          [U          ]
User SID:               S-1-5-21-3712763683-1566656984-4279714456-1000User SID: S-1-5-21-
1335442607-132733983-2423133945-1000
```

```
Primary Group SID:        S-1-5-21-3712763683-1566656984-4279714456-513
Full Name:
Home Directory:           \\icicos\test
HomeDir Drive:
Logon Script:
Profile Path:             \\icicos\test\profile
Domain:                   ICICOS
Account desc:
Workstations:
Munged dial:
Logon time:                 0
Logoff time:               never
Kickoff time:              never
Password last set:      五, 18 12 月  2020 17:13:36 CST
Password can change:    五, 18 12 月  2020 17:13:36 CST
Password must change: never
Last bad password     : 0
Bad password count    : 0
Logon hours           : FFFFFFFFFFFFFFFFFFFFFFFFFFFFFFFFFFFFFFFFFFFF
Password can change:五、25   2 月  2018 16:46:45 CST
Password must change:never
Last bad password:0
Bad password count:0
Logon hours:FFFFFFFFFFFFFFFFFFFFFFFFFFFFFFFFFFFFFFFFFFFF
```

当指定的 Samba 用户不再需要使用时，可以通过 pdbedit 工具进行删除，只要结合"-x"
选项并指定 Samba 用户的名称即可。例如，执行"pdbedit -x -u tony"命令可以删除名为 tony
的 Samba 账号。

```
root@ICICOS: ~# pdbedit -x -u tony
root@ICICOS: ~# pdbedit -Lv tony
Username not found!
```

2．设置用户访问权限

若要使用用户验证的 Samba 共享，应将 security 安全级别提升为"user"。共享目录的用
户授权设置主要由"valid users""write list"配置项指定。当需要授权多个共享用户时，以逗
号或空格进行分隔。如果需要授权一个用户组，可以使用"@组名"的形式，但需要为组内
的每个系统用户都创建对应的 Samba 共享用户。

例如，若要将本地目录/opt/mytools/发布为共享文件夹，共享名为 tools，要求只有共享用
户 test、jerry 能够访问，其中 jerry 用户具有写入权限，可以参考以下步骤操作。

（1）创建共享用户 test、jerry，确认共享目录。

```
root@ICICOS: ~# useradd test                //创建系统用户
root@ICICOS: ~# useradd jerry
root@ICICOS: ~# pdbedit -a -u test          //创建 Samba 共享用户
new password:
```

```
retype new password:
Unix username:            test
省略
root@ICICOS: ~# pdbedit -a -u jerry
new password:
retype new password:
Unix username:            jerry
省略
root@ICICOS: ~# mkdir /opt/mytools        //新建本地测试目录
```

（2）修改 smb.conf 配置文件。添加名为 tools 的共享目录配置段。

```
root@ICICOS: ~# vim /etc/samba/smb.conf
[global]
    security = user                    //提升默认的安全级别
…//省略部分内容
[tools]
    comment = You can software tools from here.
    path = /opt/mytools
    public = no
    read only = yes
    valid users = test,jerry
    write list = jerry
```

（3）重新加载 smb.conf 文件中的配置，或重启 smb 服务

```
root@ICICOS: ~# service smb reload
重新载入 smb.conf 文件：                    [确定]
```

3. 确定目录访问授权

通过 Samba 服务器共享本地的文件夹时，用户最终是否拥有读取、写入权限，除了需要设置用户授权以外，还要满足一个前提条件——在服务器本机中，与共享用户同名的系统用户对发布为共享的本地文件夹（如/opt/mytools/）必须有相应的读写、写入权限。

因此，在上一步骤的例子中，还需要调整/opt/mytools 目录的权限，让 test 用户能够读取、jerry 用户能够写入。例如，为了简便起见，可以将/opt/mytools/文件夹的权限设置为 777。

```
root@ICICOS: ~# chmod 777 /opt/mytools
```

另外，当通过共享目录上传文档时，对于共享用户所上传的文件，创建子目录的默认权限，可以分别使用配置项 "directory mask" "create mask" 进行指定。例如，若要使用户访问 tools 共享时，所上传的目录权限为 755，文件的默认权限为 644，可以参考以下步骤在[tools]配置段添加相关内容。

```
root@ICICOS: ~# vim /etc/samba/smb.conf
[tools]
    …//省略部分内容
directory mask = 0755
create mask = 0644
```

```
root@ICICOS: ~# service smb reload
重新载入 smb.conf 文件:                    [确定]
```

8.2.3　用户映射及访问地址权限

为了进一步提高 Samba 共享服务的安全性，除了可以对指定的共享目录设置用户授权以外，还可以采取用户映射、访问地址限制等措施。

1．共享账号映射（别名）

在使用 Samba 共享账号时，通常情况下，一个共享用户账号都有一个同名的系统用户账号，一些别有用心的攻击者可能会使用网络中泄露的共享用户账号，将其作为 Samba 服务器的系统用户尝试远程登录，给 ICICOS 主机带来极大的安全隐患。

鉴于此，Samba 服务器提供了"用户名称映射"（username map）机制，可以将给一个共享用户映射为多个不同的名称（别名）。这样一来，只需要通过共享用户的别名和密码就可以访问授权的资源了，而不需要知道真实的共享用户（系统用户）名称。

Samba 共享账号的映射文件默认位于/root/samba-3.0.37/packaging/RHEL/setup/smbusers，文件中的配置记录使用"共享用户名 = 别名 1 别名 2 别名 3…"格式。在该文件中默认已经添加了两条兼容 Windows 客户机的别名映射。

```
root@ICICOS: ~#   cat /root/samba-3.0.37/packaging/RHEL/setup/smbusers
# Unix_name = SMB_name1 SMB_name2 ...
root = administrator admin
nobody = guest pcguest smbguest
tom = sunboy player
```

当客户机以用户 administrator 或 admin 访问共享时，Samba 服务器将其视为本机共享用户 root；同样地，用户 guest、pcguest 等被映射为共享用户 nobody。若要添加新的映射账号，只需在文件/etc/samba/smbusers 的末尾追加相关记录即可。例如，若希望为现有 Samba 共享用户 test 指定两个别名 sunboy、player，可以执行以下操作。

```
root@ICICOS: ~# vim /etc/samba/smbusers
…//省略部分内容
test = sunboy player
```

这样一来，对于授权给共享用户 test 访问的共享文件夹，只要使用共享用户 sunboy 或者 player 也都可以访问（密码仍然使用共享用户 test 的）。而共享用户 test 的账号名称可以不告诉使用者，从而提高了系统用户 test 的安全性。

设置好共享用户的别名记录以后，若要正常启用账号映射功能，需要修改主配置文件/etc/samba/smb.conf，添加全局配置项"username map = /etc/samba/smbusers"，然后重新加载配置即可生效。

```
root@ICICOS: ~# vim /etc/samba/smb.conf
[global]
   username map = /root/samba-3.0.37/packaging/RHEL/setup/smbusers
…//省略部分内容
```

```
root@ICICOS: ~# service smb reload
重新载入 smb.conf 文件:                          [确定]
```

2．访问地址限制

针对访问 Samba 服务器的客户机，可以通过"hosts allow""hosts deny"配置项进行访问限制，前者用于指定仅允许访问共享的客户机地址，后者用于指定仅拒绝访问共享的客户机地址，两种方式任选其一即可。

访问地址限制一般应用于[global]全局配置部分，也可以应用于某个具体的共享配置段部分。限制的对象可以是主机名、IP 地址或者网络段地址（省去主机部分），多个地址之间以逗号或空格进行分隔。例如，若希望仅允许来自 192.168.202.0/24 173.17.0.0/16 网段的客户机访问 Samba 服务器，可以参考一下操作调整配置。

```
root@ICICOS: ~# vim /etc/samba/smb.conf
[global]
    hosts allow = 192.168.202. 173.17.
…//省略部分内容
root@ICICOS: ~# service smb reload
重新载入 smb.conf 文件:                          [确定]
```

8.3　使用 smbclient 访问共享文件夹

本节学习在 ICICOS 中如何访问共享资源，其中的部分操作将以上节中构建好的 Samba 服务器（IP 地址为 192.168.202.214）为例，包括共享文件夹 ICICOS、tools 共享用户 test、jerry。

1．查询目标主机的共享资源列表

使用 smbclient 命令查询共享资源时，需要添加"-L"选项，并指定目标主机的 IP 地址或主机名。在工作环境中查询共享资源时，一般不需要用户验证，提示输入密码时直接按回车键即可。例如，执行以下操作可以匿名查询 Samba 服务器 192.168.202.214 中提供的共享资源列表。

```
root@ICICOS: ~# smbclient -L 192.168.202.214
Password:          (直接回车，输密码会报错)
Sharename          Type          Comment
---------          ----          -------
loongson           Disk
IPC$               IPC           IPC Service (ICICOS Samba Server Version 3.0.37)
Reconnecting with SMB1 for workgroup listing.


Server                           Comment
---------                        -------
DESKTOP-9948ACI
DESKTOP-GESC52P
DESKTOP-R5AG0MG
ICICOS                ICICOS Samba Server Version 3.0.37
```

```
S304-17
WIN-95CRR2Y8PC4
WIN-YWW2DHHWJDY
WSL

Workgroup                Master
----------               -------
WORKGROUP                ICICOS
```

2. 登录并访问共享文件夹

客户机 Win7 通过 IP 地址 192.168.202.214 访问 ICICOS 服务器共享文件夹，如图 8-1 所示。

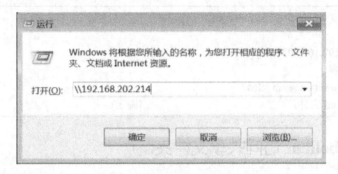

图 8-1　Win7 访问服务器

如果是匿名访问，直接双击就能访问，如图 8-2 所示。

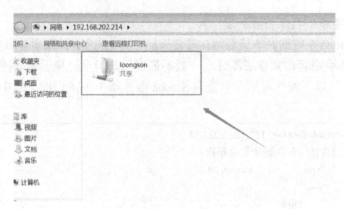

图 8-2　匿名访问服务器

如果访问的是需要用户验证的共享文件夹，输入账号密码即可。

注意

当 Samba 服务器的默认安全级别为"user"时，对于那些允许匿名访问的共享文件夹，在客户机中通过 smbclient 工具仍然可以正常连接访问，但使用 mount 工具时将被拒绝挂载。

8.4　Samba 服务安全

2017 年 5 月 24 日 Samba 发布了 4.6.4 版本，中间修复了一个严重的远程代码执行漏洞，漏洞编号 CVE-2017-7494，漏洞影响了 Samba 3.5.0 之后到 4.6.4/4.5.10/4.4.14 中间的所有版本。攻击者可以通过攻击获得系统 root 用户权限。

攻击者利用漏洞可以进行远程代码执行，具体执行条件如下：

① 服务器打开了文件/打印机共享端口 445，让其能够在网络上访问；

② 共享文件拥有写入权限；

③ 攻击者需猜解 Samba 服务端共享目录的物理路径。

解决方案：

① 升级到 Samba 4.6.4/4.5.10/4.4.14 任意版本；

② 在 smb.conf 的[global]板块中添加参数：nt pipe support = no，然后重启 smbd 服务。

8.5　实验案例：构建 Samba 文件共享服务器

1．实验环境

根据公司的信息化建设要求，需要在局域网内部搭建一台文件服务器，便于对数据的集中管理和备份。考虑到服务器的运行效率及稳定、安全性问题，选择在 ICICOS 中构建 Samba 服务器及提供文件资源共享服务。

2．需求描述

在/var/share/目录中建立三个子目录 public、training、devel，用途如下。

■ public 目录用于存放公开数据，如规章制度、员工手册等。

■ training 目录用于存放公司的技术培训资料。

■ devel 目录用于存放项目开发数据。

将/var/share/public/目录共享为 public，所有员工都可以访问，但只有读取权限。

将/var/share/training/目录共享为 peixun，允许管理员 admin 和技术部的所有员工读取数据，但不能写入，禁止其他人访问。

将/var/share/devel/目录共享为 kaifa，技术部的所有员工都可以读取该目录中的文件，都是只有管理员 admin 及 Test 项目组的员工有写入权限。

3．问题分析

建立 Test 项目组的组账户 test、技术部的组账户 tech。将 Test 项目组的所有员工账户（如 tes01）都加入基本组 test、公共组 tech。将技术部的其他所有员工账户（如 tec01）都加入基本组 tech。

将/var/share/devel/目录的属组改为 test，并在组权限中增加可写（w）属性。

将 tech 组和 test 组内的每个系统用户创建共享用户，在 Samba 配置中使用"@组名"的形式进行访问授权。

4．推荐步骤

① 建立组账户 tech、test；创建 Test 员工账户 tes01、技术部员工账户 tec01；创建普通用户 yua01。

② 创建存放共享资源的文件夹/var/share/，以及子目录 public、training、devel。

③ 创建共享用户 yua01、tes01、root，为 root 用户设置别名 admin。

④ 修改 smb.conf 文件，添加共享设置，并启动 smb 服务。

⑤ 在客户机以不同的用户访问共享文件夹时，根据实验需求验证实施结果。

8.6　本章总结

Samba 在 ICICOS/Linux/UNIX 系统中实现了 SMB/CIFS 协议，可提供跨平台的文件和打印共享服务。

Samba 服务的默认安全级别为 user，要求提供用户验证。对于匿名共享服务，一般将安全级别设为 share。

使用 pdbedit 工具可以创建，删除 Samba 共享用户。

通过 smbusers 文件可以为共享用户账号设置别名。

使用 smbclient 工具可以查询并登录、访问共享资源，而使用 mount 命令可以将共享文件夹挂载到本地。

8.7　章节自测

一、选择题

1．Samba 软件包通过（　　　）协议提供跨平台的文件和打印共享文件。

A．SMB

B．NetBIOS

C．CIFS

D．NFS

2．在 Samba 服务的程序组件中，smbd 服务在 TCP 协议的（　　　）端口为客户机提供对共享资源的访问。

A．137

B．138

C．139

D．445

3．在 Samba 的主配置文件中，安全级别（　　　）表示默认允许匿名访问。

A．share

B．user

C．server

D．domain

4．在 Samba 的主配置文件中，（　　　）配置项用于设置用户授权。

A．valid users

B．hosts allow

C．write list

D．hosts deny

5. 关于 ICICOS 中的系统用户 Samba 共享用户的关系，以下说法正确的是（   ）。

    A．创建指定的共享用户时，同名的系统用户必须已经存在

    B．共享用户使用的密码与同名的系统用户使用的密码必须相同

    C．系统用户必须能够正常登录到 Linux 主机，与其同名的共享用户才能够使用

    D．使用 pdbedit 工具创建共享用户时，结合 "-a" 选项可以自动创建同名的系统用户

二、简答题

1．Samba 服务器中主要包括哪几个服务程序？各自的作用及监听的端口是什么？

2．Samba 服务器的主配置文件中，[homes]配置段的作用是什么？

三、操作题

将/var/src/目录设为名为 source 的匿名共享，验证访问权限。可以被匿名访问。

第9章　FTP 文件传输服务及安全

第 8 章学习了如何构建 Samba 文件共享服务器，由于 Samba 文件共享通常要用到局域网协议 NetBIOS 的名称解析功能，因此多数时候只在内部网络中使用。本章将学习在局域网和广域网中都适用的另一种文件服务器——FTP 文件传输服务器。

本章重点：
- vsftpd 服务的常见配置项
- 构建匿名访问的 FTP 服务器
- 构建给予系统用户访问的 FTP 服务器
- 构建虚拟用户访问的 FTP 服务器
- FTP 服务安全

9.1　vsftpd 服务基础

在学习如何构建 FTP 服务器之前，首先应对 FTP 的工作原理、服务器端软件有一个基本的认识，下面分别进行介绍。

9.1.1　FTP 服务概述

FTP（file transfer protocol，文件传输协议）是典型的 C/S 结构的应用层协议，需要由服务端软件、客户端软件两个部分共同实现文件传输功能。关于 FTP 服务，可以从以下几个方面进行了解。

1. FTP 连接及传输模式

FTP 服务器默认使用 TCP 协议的 20、21 端口与客户端进行通信。20 端口用于建立数据连接，并传输文件数据；21 端口用于建立控制连接，并传输 FTP 控制命令。根据 FTP 服务器在建立数据连接过程中的主、被动关系，FTP 数据连接分为主动模式和被动模式，两者的含义及主要区别如下。

（1）主动模式

服务器主动发起数据连接。首先由客户端向服务端的 21 端口建立 FTP 控制连接，当需要传输数据时，客户端以 PORT 命令告知服务器"我打开了某端口，你过来连接我"，于是服务器从 20 端口向客户端的该端口发送请求并建立数据连接。

（2）被动模式

服务器被动等待数据连接。如果客户机所在网络的防火墙禁止主动模式连接，通常会使用被动模式。首先由客户端向服务端的 21 端口建立 FTP 控制连接，当需要传输数据时，服务器以 PASV 命令告知客户端"我打开了某端口，你过来连接我"，于是客户端向服务器的该端口（非 20）发送请求并建立数据连接。

客户端与服务器建立好数据连接以后，就可以根据从控制连接中发送的 FTP 命令，上传或下载文件了。在传输文件时，根据是否进行字符转换，分为文本模式和二进制模式。

文本模式又称为 ASCII（American standard code for information interchange，美国信息交换标准码）模式，这种模式在传输文件时使用 ASCII 标准字符序列，一般只用于纯文本文件的传输。

二进制模式又称为 Binary 模式，这种模式不会转换文件中的字符序列，更适合传输程序、图片等非纯文本字符的文件。

使用二进制模式比文本模式更有效率，大多数 FTP 客户端工具可以根据文件类型自动选择文件传输模式，而无须用户手工指定。

2．FTP 用户类型

使用 FTP 客户端软件访问服务器时，通常要用到类特殊的用户账号，其用户名为 ftp 或 anonymous，提供任意密码（包括空密码）都可以通过服务器的验证，这样的用户称为"匿名用户"。匿名用户一般用于提供公共文件的下载，如提供一些免费软件、学习资料下载的站点。

除了不需要密码验证的匿名用户以外，FTP 服务器还可以直接使用本机的系统用户账号来进行验证，这些用户通常被称为"本地用户"。匿名用户也有对应的本地系统用户账号"ftp"，但对于 vsftpd 服务来说，本地用户指的是除了匿名用户以外的其他系统用户。

有些 FTP 服务器软件还可以维护一份独立的用户数据库文件，而不是直接使用系统用户账号。这些位于独立数据库文件中的 FTP 用户账号，通常被称为"虚拟用户"。通过使用虚拟用户，将 FTP 账户与 ICICOS 账户的关联性降至最低，可以为系统提供更好的安全性。

3．FTP 服务器软件的种类

在 Windows 系统中，常见的 FTP 服务器软件包括 IIS、Serv-U 等，而在 ICICOS 中可以选择 wu-ftpd、Proftpd、vsftpd 等软件，这些 FTP 服务器软件都有各自的特点。其中 vsftpd 是目前在 ICICOS/Linux/UNIX 领域应用十分广泛的一款 FTP 服务软件，本节将以 vsftpd 为例进行详解。

vsftpd 服务的名称来源于"very secure FTP daemon"，该软件针对安全特性方面做了大量的设计。除了安全性以外，vsftpd 在速度和稳定性方面的表现也相当突出。根据 ftp.redhat.com 服务器反映的数据，vsftpd 可以支持 15 000 个用户并发连接。

4．FTP 客户端工具的种类

最简单的 FTP 客户端工具莫过于 ftp 命令程序了。Windows 系统和 ICICOS 默认都自带有 ftp 命令程序，可以连接到 FTP 服务器进行交互式的上传、下载通信。

除此以外，还有大量的图形化 FTP 客户端工具。Windows 中较常用的包括 CuteFTP、FlashFXP、LeapFTP、Filezilla 等，ICICOS 中较常用的有 gftp、kuftp 等。在图形化的客户端程序中，用户通过鼠标和菜单即可访问、管理 FTP 资源，而不需要掌握 FTP 交互命令，因此使用户的操作更加简单、易于使用。

还有一些下载工具软件，如 FlashGet、Wget 等，包括大多数网页浏览器程序，都支持通过 FTP 协议下载文件，但因不具备 FTP 上传等管理功能，通常不称为 FTP 客户端工具。

9.1.2　vsftpd 的配置文件

本章以在 ICICOS 中编译安装 vsftpd 软件包为例，来学习 FTP 服务器的构建过程。出于安全原因，鼓励以无特权的用户和组身份运行 vsftpd。另外，应创建一个用户以映射匿名用户。以 root 用户身份，使用以下命令创建所需的目录、用户和组：

```
root@ICICOS: ~#install -v -d -m 0755 /usr/share/vsftpd/empty
root@ICICOS: ~#install -v -d -m 0755 /home/ftp
root@ICICOS: ~#groupadd -g 47 vsftpd
root@ICICOS: ~#groupadd -g 45 ftp
root@ICICOS: ~#useradd -c "vsftpd User" -d /dev/null -g vsftpd -s /bin/false -u 47 vsftpd
root@ICICOS: ~#useradd -c anonymous_user -d /home/ftp -g ftp -s /bin/false -u 45 ftp
```

使用以下命令以非特权用户身份构建 vsftpd：

```
root@ICICOS: ~#make
```

再次成为 root 用户，并使用以下命令安装 vsftpd：

```
root@ICICOS: ~#install -v -m 755 vsftpd /usr/sbin/vsftpd
root@ICICOS: ~#install -v -m 644 vsftpd.8 /usr/share/man/man8
root@ICICOS: ~#install -v -m 644 vsftpd.conf.5 /usr/share/man/man5
root@ICICOS: ~#install -v -m 644 vsftpd.conf /etc
```

因此启动、停止 vsftpd 服务变得非常方便。构建 vsftpd 服务器的关键在于熟悉相关的配置文件。vsftpd 服务的配置文件位于/etc/目录下，包括用户列表文件（ftpusers、user_list）和主配置文件（vsftpd.conf）等。下面主要介绍这两类配置文件。

1. 用户列表文件 ftpusers 和 user_list

在 ftpusers、user_list 文件中，各自记录了若干个 FTP 用户的账号名称，两个列表文件都用于 FTP 登录控制，但是控制方式存在一些差别。

（1）**ftpusers 文件**

此文件中列出的用户将禁止登录 vsftpd 服务器，而不管该用户是否在 user_list 文件中出现。默认已包括 root、bin、daemon 等用于系统运行的特殊用户。

（2）**user_list 文件**

此文件中包含的用户可能被禁止登录，也可能被允许登录，具体取决于主配置文件 vsftpd.conf 中的设置。当存在"userlist_enable=YES"的配置项时，user_list 列表文件方可生效；若指定"userlist_deny=YES"，则仅禁止此列表中的用户登录；若指定"userlist_deny=NO"，则仅允许列表中的用户登录。

ftpusers 文件相当于黑名单，为 vstpd 服务器提供了一份禁止登录的用户列表。而 user_list 文件提供了一份可以灵活控制的用户列表。二者相互结合，为 FTP 账号的登录控制提供了便捷的途径。

2. 主配置文件 vsftpd.conf

在 vsftpd 的主配置文件中，配置行采用"配置项=参数"的格式。下面列出最常见的一些配置项及其含义说明，如表 9-1 所示。

表 9-1　vsftpd.conf 常见配置项及含义说明

作用范围	配置项及示例	含义说明
匿名用户	anonymous_enable=YES anon_umask=022 anon_root=/var/ftp anon_upload_enable=YES anon_mkdir_write_enable=YES anon_other_write_enable=YES anon_max_rate=0	是否允许匿名访问 设置匿名用户所上传文件的默认权限掩码值 设置匿名用户的 FTP 根目录（默认为/var/ftp） 是否允许匿名用户上传文件 是否允许匿名用户有创建目录的写入权限 是否允许匿名用户有其他写入权限，如对文件改名、覆盖及删除文件等 限制匿名用户的最大传输速率（0 为无限制），单位为字节/秒
本地用户	local_enable=YES local_umask=022 local_root=/var/ftp chroot_local_user=YES local_max_rate=0	是否允许本地系统用户访问 设置本地用户所上传文件的默认权限掩码值 设置本地用户的 FTP 根目录（默认为用户的宿主目录） 是否将 FTP 本地用户禁锢在宿主目录中 限制本地用户的最大传输速率（0 为无限制），单位为字节/秒
全局配置	listen=YES listen_address=0.0.0.0 listen_port=21 write_enable=YES download_enable=YES dirmessage_enable=YES xferlog_enable=YES xferlog_std_format=YES connect_from_port_20=YES pasv_enable=YES pasv_max_port=24600 pasv_min_port=24500 pam_service_name=vsftpd userlist_enable=YES userlist_deny=YES max_clients=0 max_per_ip=0 tcp_wrappers=YES	是否以独立运行的方式监听服务 设置监听 FTP 服务的 IP 地址 设置监听 FTP 服务的端口号 需要开启此项启用任何形式的写入权限（如上传、删除文件等）都需要开启此项 是否允许下载文件（建立仅限于浏览、上传的 FTP 服务器时可将其设为"NO"） 用户切换进入目录时显示.message 文件（如果存在)的内容 启用 xferlog 日志，默认记录到/var/log/xferlog 启用标准的 xferlog 日志格式，若禁用此项，将使用 vsftpd 自己的日志格式 允许服务器主动模式（从 20 端口建立数据连接） 允许被动模式连接 设置用于被动模式的服务器最大端口号 设置用于被动模式的服务器最小端口号 设置用于用户认证的 PAM 文件位置（/etc/pam.d/目录中对应的文件名） 是否启用 user_list 用户列表文件 是否禁止 user_list 列表文件中的用户账号 最多允许多少个客户端同时连接（0 为无限制） 对来自同一个 IP 地址的客户端，最多允许多少个并发连接（0 为无限制） 是否启用 TCP_Wrappers 主机访问控制（TCP Wrappers 的应用将在后续课程中讲解）

表 9-1 中列出的都是搭建 vsftpd 服务器时最常用到的配置项，理解并掌握这些配置项的含义，将更有利于快速部署和优化 vsttpd 服务器。在本章后面的内容中，将通过具体的配置实例来展现其中最常见的配置项部分。关于 vstpd .conf 文件中的更多配置项，可以执行"man vstipd.conf"命令查阅相关帮助。

9.2　基于系统用户的 FTP 服务

vsftpd 服务可以使用 ICICOS 中的系统用户账号作为登录 FTP 的账号，包括匿名访问和用户验证两种形式。下面分别讲解这两种 FTP 服务器的构建方法。

9.2.1　匿名访问的 FTP 服务

访问匿名 FTP 服务器时，不需要密码验证，任何人都可以使用，非常方便。当需要提供公开访问的文件下载资源，或者让用户上传一些不需要保密的数据资料时，可以选择搭建匿名 FTP 服务器。

1. 准备匿名 FTP 访问的目录

FTP 匿名用户对应的系统用户为 ftp. 其宿主目录/home/ftp/也就是匿名访问 vsftpd 服务时所在的 FTP 根目录。基于安全性考虑，FTP 根目录的权限不允许匿名用户或其他用户有写入权限（否则访问时会报 500 错误）。

为了后续测试方便，可以在/home/ftp/目录下创建一个用于下载的测试文件。例如，执行以下操作创建一个压缩包文件作为测试。

```
root@ICICOS: ~# tar zcf /home/ftp/vsftpdconf.tar.gz /etc/vsftpd/
```

/var/ftp/目录下默认设置了一个名为 pub 的子文件夹，可以在匿名访问 FTP 时供上传文件使用。执行以下操作可以使匿名用户 ftp 对该目录拥有写入权限，以便上传数据。

```
root@ICICOS: ~# ls -ld /home/ftp/
dr-xr-xr-x 2 root root 4096 12 月   9 14:25 /home/ftp/
```

2. 开放匿名用户配置，并启动 vsftpd 服务

配置 vsftpd 服务时，是否开放匿名 FTP 访问取决于配置项"anonymous_ enable"，只要将其设为"YES"，即表示允许匿名用户访问，反之表示禁用。启用匿名用户后，默认情况下只具有读取权限，匿名用户可以完成目录列表，下载文件等基本的 FTP 任务。

若要进一步放开权限，允许匿名用户上传文件，则需要开放更多的配置。 主要涉及以下几个配置项，分别对应不同的 FTP 操作权限。

- Write_enable：用于启用、禁止 vsftpd 服务器写入权限，是全局性的选项， 不管是匿名用户、本地用户还是虚拟用户，若要允许其上传，都必须启用此配置项。
- anon_upload_enable：用于允许、禁止匿名用户在现有的可写入目录中上传文件。
- anon_mkdir_write_enable：用于允许、禁止匿名用户在现有的可写目录中创建文件夹，即上传目录。
- anon_other_write_enable：用于允许、禁止匿名用户的其他写入权限，包括删除、改名、覆盖等操作。

上述四个配置项，应根据匿名 FTP 服务器的实际应用需求来选择设置。若只要求能够上传文件，则只需启用"write_enable"和"anon_upload_enable"就足够了；若还要求能够上传文件夹，则需进一步启用"anon_mkdir_write_enable"。只有在希望匿名用户能够对上传的文件和目录进行覆盖、删除等管理操作时，才需要启用"anon"。

例如，若要设置 vsftpd 服务器提供匿名访问，允许匿名用户上传、下载，但禁止使用删除操作，可以参考以下步骤修改配置文件。

```
root@ICICOS: ~# vim /etc/vsftpd.conf
anonymous_enable=YES          //允许匿名用户访问
local_enable=NO               //若不需启用本地用户，可将此项设为 NO
write_enable=YES              //开放服务器的写权限
anon_umask=022               //设置匿名用户上传数据的权限掩码
anon_upload_enable=YES        //允许匿名上传文件
anon_mkdir_write_enable=YES   //允许匿名用户创建目录
```

```
dirmessage_enable=YES
xferlog_enable=YES
connect_from_port_20=YES
xferlog_std_format=YES
listen=YES
```

在上述配置内容中，还使用了"anon_umask"配置项，此配置项用于设置匿名用户所上传文件或目录的权限掩码。权限掩码的作用与子网掩码的作用有点类似，用于去掉特定的权限。例如，若上传权限掩码设为 022，则所上传的文件或目录将减去 022 对应的这部分权限（Group 和 Other 的 W 权限），实际结果是所上传文件的默认权限为 644，目录的实际权限是 755。

确认配置无误后，就可以启动 vsftpd 服务了，使用 netstat 命令可以确认监听状态。

```
root@ICICOS: ~# service vsftpd start
Starting FTP server: vsftpd.
root@ICICOS: ~# netstat -anpt | grep  " vsftpd "
tcp    0    0 0.0.0.0:21      0.0.0.0:*        LISTEN        10211/vsftpd
```

3. 测试匿名 FTP 服务器

配置好 vsftpd 并启动服务以后，就可以使用 FTP 客户端工具进行验证了。Windows 主机中可以直接在"我的电脑"地址栏内输入 URL 地址访问，如"ftp://192.168.202.110"。在 ICICOS 的字符界面中，可以使用 ftp 命令进行测试。例如，执行以下操作可以匿名登录到 FTP 服务器 192.168.202.213。

```
root@ICICOS: ~#  ftp 192.168.202.213
Connected to 192.168.202.213.
220 (vsFTPd 2.3.5)
Name (192.168.202.213:root): anonymous      //用户名为 anonymous
331 Please specify the password.
Password:              //密码可任意输入，或直接回车
230 Login successful.
Remote system type is UNIX.
Using binary mode to transfer files.
ftp>               //成功登录后的操作提示符
```

成功登录 FTP 服务器以后，将进入到显示"ftp>"提示符的交互式操作环境。在此操作界面中，可以执行实现各种 FTP 操作的交互指令（执行?或 help 命令可查看指令帮助）。例如，以下操作过程依次展示了列表查看、下载文件、上传文件等相关的操作。

```
ftp> ls                          //查看 FTP 服务器中的内容
200 PORT command successful. Consider using PASV.
150 Here comes the directory listing.
-rw-r--rw-     1 0        0           7 Dec 08 07:25 test.txt
-rw-------     1 1002     1006        7 Dec 08 07:33 test123.txt
-rw-r--r--     1 0        0          45 Dec 09 06:25 vsftpdconf.tar.gz
226 Directory send OK.
ftp> lcd /opt                    //将本地目录切换到/opt/
Local directory now /opt
```

```
ftp> get vsftpdconf.tar.gz                        //将文件下载到本地（/opt/目录）
local: vsftpdconf.tar.gz remote: vsftpdconf.tar.gz
200 PORT command successful. Consider using PASV.
150 Opening BINARY mode data connection for vsftpdconf.tar.gz (45 bytes).
226 Transfer complete.
45 bytes received in 0.00 secs (38.1 KB/s)
ftp> lcd /root                                    //将本地目录切换到/root/
Local directory now /root
ftp> put vsftpd_2.3.5.orig.tar.gz                 //将文件上传到服务器
local: vsftpd_2.3.5.orig.tar.gz remote: vsftpd_2.3.5.orig.tar.gz
200 PORT command successful. Consider using PASV.
150 Ok to send data.
226 Transfer complete.
187691 bytes sent in 0.01 secs (15775.2 KB/s)
ftp> ls                                           //查看所上传文件的权限
200 PORT command successful. Consider using PASV.
150 Here comes the directory listing.
-rw-r--rw-       1 0         0              7 Dec 08 07:25 test.txt
-rw-------       1 1002      1006      187691 Dec 09 06:33 vsftpd_2.3.5.orig.tar.gz
-rw-r--r--       1 0         0             45 Dec 09 06:25 vsftpdconf.tar.gz
226 Directory send OK.
ftp> quit                                         //断开 ftp 连接并退出
221 Goodbye.
```

在已经知道要下载文件的完整 URL 地址的情况下，用户也可以使用 wget 命令工具直接下载文件，省去了交互式的登录过程。

```
root@ICICOS: ~# wget ftp://192.168.202.213/vsftpdconf.tar.gz
--2018-02-26 07:25:29--    ftp://192.168.202.213/vsftpdconf.tar.gz
       => 'vsftpdconf.tar.gz'
Connecting to 192.168.202.110:21... 已连接。
正在以 anonymous  登录... 登录成功!
==> SYST ... 完成。    ==> PWD ... 完成。
=>TYPE I...完成。    ==>不需要   CWD。
==> SIZE vsftpdconf.tar.gz . .. 2639
==> PASV   ...完成。          ==> RETR vsftpdconf.tar.gz ...完成。
长度: 2639 (2.6K)
100%[==================================] 2，639      --.-K/s    in 0s
```

9.2.2 用户验证的 FTP 服务

vsftpd 可以直接使用 ICICOS 的系统用户作为 FTP 账号，提供基于用户名/密码的登录验证。用户使用系统用户账号登录 FTP 服务器后，将默认位于自己的宿主目录中，且在宿主目录中拥有读写权限。

1．基本的本地用户验证

使用基本的本地用户验证，只需打开 local_enable、write_enable 两个配置项。为了提高上传文件的权限，可以将权限掩码设为 077（仅属主用户拥有权限）。若还希望将所有的宿主目录禁锢在其宿主目录中，可以添加 chroot_local_user 配置项，否则用户将能够任意切换到服务器的/var/、/etc/、/boot/等宿主目录以外的文件夹，这样一来便存在安全隐患。

```
root@ICICOS: ~# vim /etc/veftpd.conf
1ocal_enable=YES
write_enable=YES
local_umask=077
chroot_local_user=YES
 … //省略部分内容

root@ICICOS: ~# service vsftpd reload
Reloading FTP server configuration:
vsftpd.
```

在访问要求用户验证的 FTP 服务器时，如果使用 URL 地址的形式，必须指定 FTP 账号名称，如访问"ftp://tony:123456@192.168.202.213"。可以根据提示输入密码进行验证，当然也可以在 URL 地址中直接指定密码，如访问"ftp://tony:123456@192.168.202.213"。

通过 ftp 命令访问 FTP 服务器时，只需输入正确的用户名、密码验证即可。例如，以下操作将以系统用户 tony 登录到 FTP 服务器 192.168.202.213，并进行上传文件测试。

```
root@ICICOS: ~# 1s > uptest.txt              //创建用于上传的测试文件
root@ICICOS: ~# ftp 192.168.202.213
Connected to 192.168.202.213.
220 (vsFTPd 2.3.5)
Name (192.168.202.213:root): tony           //以 tony 用户登录
331 Please specify the password.
Password:                                    //以 tony 用户的密码验证
230 Login successful.
Remote system type is UNIX.
Using binary mode to transfer files
ftp> put uptest.txt
local: uptest.txt remote: uptest.txt
200 PORT command successful. Consider using PASV.
150 Ok to send data.
226 Transfer complete.
1044 bytes sent in 0.00 secs (2607.5 KB/s)
ftp> ls                                      //查看上传文件的权限
200 PORT command successful. Consider using PASV.
150 Here comes the directory listing.
-rw-------    1 1003      1003          1044 Dec 09 06:53 uptest.txt
226 Directory send OK.
ftp> quit
221 Goodbye.
root@ICICOS: ~#
```

2．使用 user_list 用户列表文件

当 vsftpd 服务器开放了"local_enable"配置项以后，默认情况下所有的系统用户都可以登录到此 FTP 服务器。若只希望对一小部分系统用户开放 FTP 服务，则需要开放用户列表控制的相关配置项，其中主要包括 userlist_enable、userlist_deny。例如，执行以下操作后 vsftpd 服务器将只允许 tony、tom、jerry 这三个用户登录。

```
root@ICICOS: ~#vim /ect/user_1ist          //添加以下三行，并清空其他内容
tony
tom
jerry
root@ICICOS: ~# vi /etc/vsftpd.conf
…  //省略部分内容
userlist_enable=YES                         //启用 user_list 用户列表文件
userlist_deny=NO                            //不禁用 user_list 列表中的用户
root@ICICOS: ~# service vsftpd reload        //重新加载 vsftpd 服务的配置
```

9.2.3　vsftpd 服务的其他常用配置

前两节中分别学习了匿名访问、用户验证的 FTP 服务器的基本配置，除此以外，还有以下一些其他的常用配置项，也需要有一定的了解。

1．修改 vsftpd 服务的监听地址、端口

```
root@ICICOS: ~# vim /etc/vsftpd.conf
… //省略部分内容
listen=YES                                  //允许独立监听服务
listen_address=192.168.202.110              //只在一个接口监听服务
listen_port=2121                            //监听端口改为 2121
root@ICICOS: ~# service vsftpd reload
Reloading FTP server configuration:
vsftpd.
root@ICICOS: ~# netstat -anpt | grep  " vsftpd "    //确认 vsftpd 服务的监听情况
tcp    0   0 192.168.202.213:2121   0.0.0.0:*     LISTEN   13418/vsftpd
```

2．允许使用 FTP 服务器的被动模式

```
root@ICICOS: ~# vim /etc/vsftpd.conf
…//省略部分内容
pasv_enable=YES                             //允许被动模式连接
pasv_min_port=24500                         //指定被动模式的下限端口
pasv_max_port=24600                         //指定被动模式的上限端口
root@ICICOS: ~# service vsftpd reload
```

3．限制 FTP 连接的并发数、传输速率

```
root@ICICOS: ~# vim /etc/vsftpd.conf
max_clients=20                              //限制并发客户连接最多 20 个
max_per_ip=2                                //限制每个 IP 地址的连接数最多 2 个
```

```
anan_max_rate=50000            //限制匿名用户传输速率为 50 KB/s
local_max_rate=200000          //限制本地用户传输速率为 200 KB/s
root@ICICOS: ~# service vsftpd reload
```

9.3　FTP 服务安全

针对 FTP 的攻击方法主要有暴力破解、漏洞攻击、嗅探攻击等，防御方式主要有以下几种。

1．及时安装更新补丁

在安装更新补丁前，备份 vsftp 应用配置。从 VSFTPD 官方网站可获取最新版本的 vsftp 软件安装包，完成升级安装。或者，可以下载最新版 vsftp 源码包，自行编译后安装更新。

2．禁用匿名登录服务

修改 VSFTP 配置文件 vsftpd.conf，设置 anonymous_enable=NO。重启 vsftp 服务后，匿名登录服务被禁用。

3．禁止显示 banner 信息

避免泄露过多版本信息，修改 VSFTP 配置文件 vsftpd.conf，设置 ftpd_banner=Welcome。重启 vsftp 服务后，即不显示 banner 信息。

4．限制 FTP 登录用户

在 ftpusers 和 user_list 文件中列举的用户都是不允许访问 FTP 服务的用户（如 root、bin、daemon 等用户）。除了需要登录 FTP 的用户外，其余用户都应该添加至此拒绝列表中。

5．限制 FTP 用户目录

① 修改 VSFTP 配置文件 vsftpd.conf。

```
chroot_list_enable=YES
chroot_list_file=/etc/vsftpd/chroot_list
```

② 新建/etc/vsftpd/chroot_list 文件，并添加用户名。例如，将 user1 添加至该文件，则 user1 登录 FTP 服务后，只允许在 user1 用户的 home 目录中活动。

6．修改监听地址和默认端口

例如，修改 VSFTP 配置文件 vsftpd.conf，设置监听 1.1.1.1 地址的 8888 端口。

```
listen_address=1.1.1.1
listen_port=8888
```

7．启用日志记录

修改 VSFTP 配置文件 vsftpd.conf，启用日志记录。

```
xferlog_enable=YES
xferlog_std_format=YES
```

9.4　实验案例：构建 FTP 文件传输服务器

1．实验环境

根据公司的开发部门和市场部门的业务发展要求，需要面向 Internet 搭建一台 FTP 文件服务器，以提供公测版软件、市场资料的下载与上传。文件管理等应用，同时要对用户访问和下载/上传流量进行控制。考虑到服务器的运行效率及稳定性、安全性，选择通过在 ICICOS 中构建 vsttpd 服务器来实现。

2. 需求描述

采用 FTP 本地用户的方式，添加一个用户：sales。

用户访问及文件权限控制如下。

■ 开放匿名访问，任何用户均可下载服务器/var/ftp/soft/目录中的软件资料。
■ 用户 sales 可以对服务器的/var/ftp/soft/目录进行上传、删除等操作。
■ 所有通过 FTP 上传的文件，均去除非属主位的写权限（即将权限掩码设为 022）。
■ 对服务器中没有明确授权的其他目录，禁止任何用户访问。

传输速率和并发连接控制如下。

■ 最多允许 150 个并发用户连接，每个 IP 并发连接数不超过 5 个。
■ 匿名用户的下载带宽限制为 100 KB/s。
■ sales 用户的下载，上传带宽限制为 200 KB/s。

3. 推荐步骤

步骤 1：建立用户基础文件

① 先建 sales 用户。
② 创建文件夹/var/ftp/soft/，将属主设为 vulab，权限为 754。

步骤 2：修改 vsftpd.conf 配置文件

① 添加匿名用户支持、支持、用户配置目录支持。
② 添加"anon_root=/var/ftp/soft"配置项修改匿名用户的 FTP 根目录。
③ 添加并发及速率控制，每个 IP 最多为 5 个，总共最多为 150 个，最大速率为 100 KB/s。
④ 为匿名用户配置，禁止上传写入权限，最大速率为 100 KB/s。
⑤ 为 sales 用户配置，赋予所有的上传写入权限，添加配置项"local_root=/var/ftp/soft"，修改默认的 FTP 根目录。

步骤 3：启动 vsftpd 服务程序，并验证实验结果

① 确认启动无错、服务监听正常。
② 使用 FTP 客户端工具进行测试，参照之前需求中描述的要求。（提示：测试下载速率时，可以在 FTP 相关目录中放一个较大的文件，然后使用 wget 命令下载，观察其稳定后的速率值）。

9.5 本章总结

FTP 的主动模式是由服务端先发起数据连接，被动模式是由客户端先发起数据连接。

vsftpd 服务支持匿名用户、本地用户和虚拟用户，是一个非常安全的 FTP 服务器软件。

vsftpd 的虚拟用户数据库可以使用 Berkeley DB 格式，可通过"db_load"工具创建。

通过启用"user_config_dir"用户目录配置，可以为不同的虚拟用户分别设置不同的权限。

9.6　章节自测

一、选择题

1. 在 FTP 主动模式中，服务器端从（　　）端口发起数据连接请求。

　　A．20

　　B．21

　　C．22

　　D．设定范围内的某个

2. vsftpd 服务器的用户控制列表文件包括（　　）。

　　A．ftpusers

　　B．vsftpd.vu

　　C．user_list

　　D．vsftpd.conf

3. 在配置 vsftpd 服务时，若希望禁用位于 user_list 列表文件中的 FTP 用户账号，则在 vsftpd.conf 主配置文件中应包括（　　）配置项。

　　A．userlist_enable=YES

　　B．userlist_enable=NO

　　C．userlist_deny=YES

　　D．userlist_deny=NO

4. 在配置 vsftpd 服务时，若要允许匿名用户上传文件，以下（　　）配置不是必需的。

　　A．anonymous_enable=YES

　　B．anonymous_upload_enable=YES

　　C．anonymous_mkdir_write_enable=YES

　　D．write_enable=YES

5. 为 vsftpd 服务配置虚拟用户数据库时，用户名/密码列表文件的配置格式是（　　）。

　　A．奇数行是用户名

　　B．奇数行是用户密码

　　C．偶数行是用户名

　　D．偶数行是用户密码

二、简答题

1. 简述 FTP 服务器中主动传输模式与被动传输模式的区别。

2. 简述 vsftpd 服务器中用户列表文件 ftpusers 与 user_list 的作用和区别。

3. 简述配置 vsftpd 使用虚拟用户的基本过程。

三、操作题

1. 使用 vsftpd 搭建匿名 FTP 服务器，允许匿名用户上传到 upload 目录下，并能够在 upload 目录下执行创建文件夹、删除文件、重命名文件等操作。

2. 为匿名 FTP 服务器添加限速设置，最大为 20 KB/s，并验证限速效果。

第10章 网站架设

在 Internet 网络环境中，Web 服务器无疑是最为主流的应用系统。有了 Web 站点，企业可以充分展示自己的产品，宣传企业形象。Web 站点还为企业提供了客户交流、电子商务交易平台等丰富的网络应用。本章将学习著名的 Web 网站服务——Apache HTTP Server 的安装及配置。

本章重点
- Httpd 服务的基本配置
- Web 站点的部署

10.1 Apache 网站服务基础

10.1.1 Apache 简介

Apache HTTP Server 是开源软件项目的杰出代表，基于标准的 HTTP 网络协议提供网页浏览服务，在 Web 服务器领域中长期保持着超过半数的份额。Apache 服务可以运行在 ICICOS、UNIX、Windows 等多种操作系统平台。

1. Apache 的起源

Apache 服务器是针对之前出现的若干 Web 服务器程序进行整合、完善后形成的软件，其名称来源于"a patchy server"，意思是"基于原有 Web 服务程序的代码进行修改（补丁）后形成的服务器程序"。

1995 年，Apache 服务程序的 1.0 版本发布，之后一直由 Apache Group 负责该项目的管理和维护；直到 1999 年，在 Apache Group 的基础上成立了 Apache 软件基金会（Apache Software Foundation，ASF）。目前 Apache 项目一直由 ASF 负责管理维护。

ASF 是非营利性质组织，最初只负责 Apache Web 服务器项目的管理，随着 Web 应用需求不断扩大，ASF 逐渐增加了许多与 Web 技术相关的开源软件项目，因此 Apache 现在不仅仅代表着 Web 服务器，更广泛地代表着 ASF 管理的众多开源软件项目，ASF 基金会的官方网站是 http://www.apache.org。

Apache HTTP Server 是 ASF 旗下著名软件项目之一，其正式名称是"httpd"，也就是历史上的 Apache 网站服务器。在本书后续内容中，若未做特殊说明，使用"Apache"或者"httpd"，均指的是"Apache HTTP Server"。

2. Apache 的主要特点

Apache 服务器在功能、性能和安全性等方面的表现都是比较突出的，可以较好地满足 Web 服务器用户的应用需求。其中主要特点包括以下几个方面。

- 开放源代码：这是 Apache 服务器的重要特性之一，也是其他特性的基础，Apache 服务程序是由全世界的众多开发者共同维护，并且任何人都可以自由使用，这充分体现了开源软件的精神。

- 跨平台应用：这个特性得益于 Apache 的源代码开放。Apache 服务器可以运行在绝大多数软硬件平台上，所有 UNIX 操作系统都可以运行 Apache 服务器，甚至 Apache 服务器可以良好地运行在大多数 Windows 系统平台中，Apache 服务器的跨平台特性使其具有被广泛应用的条件。
- 支持各种 Web 编程语言：Apache 服务器可支持的网页编程语言包括 Perl、PHP、Python、Java 等，甚至微软的 ASP 技术也可以在 Apache 服务器中使用。支持各种常用的 Web 编程语言使 Apache 具有非常广泛的应用领域。
- 模块化设计：Apache 并没有将所有的功能集中在单一的服务程序内部，而是尽可能地通过标准的模块化实现专有的功能，这为 Apache 服务器带来了良好的扩展性，其他软件开发商可以编写标准的模块程序，从而添加 Apache 本身不具有的其他功能。
- 运行非常稳定：Apache 服务器可以用于构建具有大负荷访问量的 Web 站点，很多知名的企业都使用 Apache 作为 Web 服务软件。
- 良好的安全性：Apache 服务器具有相对较好的安全性，这是开源软件共同具有的特性。并且，Apache 的维护团队会及时对已发现的漏洞提供修补程序，为 Apache 的所有使用者提供尽可能安全的服务器程序。

3．Apache 的主要版本

Apache 服务器目前包括 1.X 和 2.X 两个版本，并且对其分别进行维护。两个版本具有一定的差异，也具有各自的特性。

1.X 系列的最高版本是 1.3，该版本继承了 Apache 服务器 1.0 版本以来的优秀特性和配置管理风格，具有非常好的兼容性和稳定性。

从 2.0 版开始，Apache 服务器加入了许多新的功能，使用的配置语法和管理风格也有所改变。新建网站服务器推荐使用 2.X 版本。

10.1.2　安装 httpd 服务器

在配置 Apache 网站服务之前，需要正确装好 httpd 服务器软件。httpd 服务器的安装可选用 RPM 安装或源码编译安装这两种方式。前者相对比较简单、快速，但是在功能上存在一定的局限性。在实际的生产环境中，使用源码编译安装的方式要更加普遍。

本节以下载的源码包 httpd-2.2.17.tar.gz 为例，介绍 httpd 服务的定制安装过程。

1．源码编译安装

（1）解包

将下载获得的 httpd 源码包解压并释放到/usr/src 目录下，且切换到展开后的源码目录中。

```
root@ICICOS: ~桌面# tar zxvf httpd-2.2.17.tar.gz -C /usr/src
root@ICICOS: ~桌面# cd /usr/src/httpd-2.2.17
```

（2）配置

根据服务器的实际应用需要，可以灵活设置不同的定制选项，如指定安装路径、启用字符集支持等。若要获知可用的各种配置选项及其含义，可执行 "./configure --help" 命令。

```
    root@ICICOS: httpd-2.2.17# ./configure --prefix=/usr/local/httpd --enable-so --enable-rewrite --enable-
charset-lite --enable-cgi
```

上述配置命令中，各选项的含义如下。

- --prefix：指定 httpd 服务程序安装的目录，如/usr/local/httpd。
- --enable-so：启用动态加载模块支持，使 httpd 具备进一步扩展功能的能力。
- --enable-rewrite：启用网页地址重写功能，用于网站优化及目录迁移维护。
- --enable-charset-lite：启动字符集支持，以便支持使用各种字符集编码的网页。
- --enable-cgi：启用 CGI 脚本程序支持，便于扩展网站的应用访问能力。

（3）编译及安装

完成配置以后，执行"make"命令进行编译，将源代码转换为可执行的程序；然后执行"make install"命令完成最后的安装过程；将编译完的 httpd 程序及相关目录、文件复制到预设的安装目录（由配置时的"--perfix"选项指定）。其中"make"的过程可能会需要较长的时间。

```
[root@ICICOS: ~ httpd-2.2.17]#make
[root@ICICOS: ~ httpd-2.2.17]#make install
```

2．确认安装结果

由于指定的安装目录为/usr/local/httpd，因此 httpd 服务的各种程序、模块、帮助文件等都将复制到此目录下。

```
[root@ICICOS: httpd-2.2.17]# ls /usr/local/httpd/
bin    cgi-bin error  icons   lib   man    modules
build  conf    htdocs include logs  manual
```

在安装好的/usr/local/httpd 目录下，主要子目录的用途如下。

- /usr/local/httpd/bin：存放 httpd 服务的各种执行程序文件，包括主程序 httpd、服务控制工具 apachectl 等。
- /usr/local/httpd/conf：存放 httpd 服务的各种配置文件，包括主配置文件 httpd.conf、增强配置子目录 extra 等。
- /usr/local/httpd/htdocs：存放网页文档，包括默认首页文件 index.html 等。
- /usr/local/httpd/logs：存放 httpd 服务的日志文件。
- /usr/local/httpd/modules：存放 httpd 服务的各种模块文件。
- /usr/local/httpd/cgi-bin：存放各种 CGI 程序文件。

3．优化执行路径

通过源码编译安装的 httpd 服务，程序路径并不在默认的搜索路径中，为了使该服务在使用时更加方便，可以为相关程序添加符号链接。

```
[root@ICICOS: httpd-2.2.17]# ln -s /usr/local/httpd/bin/*   /usr/local/bin/
[root@ICICOS: httpd-2.2.17]# ls -l /usr/local/bin/httpd   /usr/local/bin/apachectl
lrwxrwxrwx 1 root root 30 04-06 13:08 /usr/local/bin/apachectl ->   /usr/local/httpd/bin/apachectl
lrwxrwxrwx 1 root root 26 04-06 13:08 /usr/local/bin/httpd -> /usr/local/httpd/bin/httpd
```

这样，在执行相关命令时就不用输入冗长的路径了。例如，当执行"httpd -v"命令（用于查看程序版本）时，即相当于执行"/usr/local/httpd/bin/httpd -v"命令。

```
[root@ICICOS: httpd-2.2.17]#httpd -v
Server version:Apache/2.2.17(Unix)
Server built:    Jun 10 2020 13:02:01
```

4．添加 httpd 系统服务

若希望将 httpd 添加为系统服务，以便通过 chkconfig 进行管理，需要建立可控的服务脚本。例如，可将 apachectl 脚本复制为/etc/init.d/httpd，并在文件开头添加 chkconfig 识别配置，然后再将其添加为标准的 ICICOS 服务。

```
[root@ICICOS: httpd-2.2.17]# cp /usr/local/httpd/bin/apachectl /etc/init.d/httpd
[root@ICICOS: httpd-2.2.17]# vi /etc/init.d/httpd
#!/bin/bash
# chkconfig: 35 85 15    //服务识别参数，在级别 3、5 中启动；启动和关闭的顺序分别为 85、21
# description: Startup script for the Apache HTTP Server    //服务描述信息
    …                                                       //省略部分内容
[root@ICICOS: httpd-2.2.17]# chkconfig --add httpd          //将 httpd 添加为系统服务
[root@ICICOS: httpd-2.2.17]# chkconfig --list httpd         //查看 httpd 服务的自启动状态
httpd          0:关闭   1:关闭   2:关闭   3:启用   4:关闭   5:启用   6:关闭
```

成功执行上述操作以后，ICICOS 每次进入运行级别 3、5 时，httpd 服务将会自动运行。在日常维护过程中，可以直接使用 apachectl 工具来控制 httpd 服务，也可以使用/etc/init.d/httpd 脚本。例如，当执行"/etc/init.d/httpd start"命令时，等同于执行"/usr/local/httpd/bin/apachectl start"命令，它们都用来启动 httpd 服务器程序。

10.2　httpd 服务器的基本配置

熟悉了 httpd 服务器的安装过程及主要目录结构以后，本节将进一步介绍使用 httpd 服务来架设 Web 站点的基本过程及常见配置。

10.2.1　Web 站点的部署过程

在 ICICOS 中，使用 httpd 服务部署 Web 站点的基本过程的分析如下。

1．确定网站名称、IP 地址

若要向 Internet 中发布一个 Web 站点，需要申请一个合法的互联网 IP 地址，并向 DNS 服务器提供商注册一个完整的网站名称。在企业内部网络中，这些信息可以自行设置。例如，Web 主机的 IP 地址为 192.168.202.123 网站名称为www.test.com。

当然，若要在客户机的浏览器中通过地址www.test.com 来访问此 Web站点，还应该有可用的 DNS 域名服务。例如，客户机所使用的 DNS 服务器应能够将www.test.com 解析为 IP 地址 192.168.202.123。

在 Web 服务器本机中，将 IP 地址设置为 192.168.202.123，将主机名称设置为www.test.com；并修改/etc/hosts 文件，添加相应的映射记录以提高本地解析速度。

2．配置并启动 httpd 服务

（1）配置 httpd 服务

编辑 httpd 服务的主配置文件 httpd.conf，查找配置项"ServerName"，在附近添加一行内

容"ServiceName www.test.com",用于设置网站名称。关于 httpd.conf 文件中的更多配置项,将在 10.2.2 节中详细介绍。

```
root@ICICOS: ~# vi /usr/local/httpd/conf/httpd.conf
…//省略部分内容
ServerName www.test.com
```

修改 httpd.conf 文件的配置内容以后,建议使用带"-t"选项的 apachectl 命令对配置内容进行语法检查(或使用"httpd -t"命令)。如果没有语法错误,将会显示"Syntax OK"的信息,否则需要根据错误提示信息来修正配置。

```
root@ICICOS: ~# /usr/local/httpd/bin/apachectl -t
Syntax ok
```

(2)启动 httpd 服务

使用脚本文件/usr/local/httpd/bin/apachectl 或者/etc/init.d/httpd,分别通过 start、stop、restart 选项进行控制,可用来启动、终止、重启 httpd 服务。正常启动 httpd 服务以后,默认监听 TCP 协议的 80 端口。

```
root@ICICOS: ~#/usr/local/httpd/bin/apachectl start
root@ICICOS: ~#netstat -anpt | grep httpd
Tcp      0     0   :::80      :::*     LISTEN       28511/httpd
```

3．部署网页文档

对于新编译安装的 httpd 服务,网站根目录位于/usr/local/httpd/htdocs 下,需要将 Web 站点的网页文档复制或上传到此目录下。httpd 服务器默认已提供了一个名为 index.html 的测试网页(可显示字串"It works!"),作为访问网站时的默认首页。

```
root@ICICOS: ~# cat /usr/local/httpd/htdocs/index.html
<html><body><h1>It works!</h1></body></html>
```

4．在客户机中访问 Web 站点

在客户机的网页浏览器中,通过域名或 IP 地址访问 httpd 服务器,将可以看到 Web 站点的页面内容。若使用的是 httpd 服务默认的首页,则页面会显示"It works!",如图 10-1 所示,表示 httpd 服务已经正常运作。

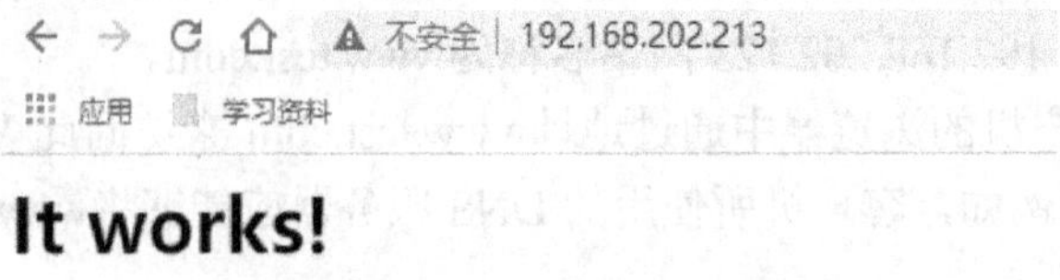

图 10-1　httpd 服务器的默认首页

5．查看 Web 站点的访问情况

httpd 服务器使用了两种类型的日志:访问日志和错误日志。这两种日志的文件名分别为 access_log 和 error_log。均位于/usr/local/httpd/logs 目录下。

通过查看访问日志文件 access_log,可以及时了解 Web 站点的访问情况。访问日志中的

每一行对应一条访问记录，记录了客户机的 IP 地址，访问服务器的日期和时间、请求的网页对象等信息。例如，当从客户机 192.168.202.110 访问 Web 站点以后，访问日志将会记录"192.168.202.110…GET/HTTP/1.1…"的消息。

```
[root@ICICOS: httpd-2.2.17]# tail /usr/local/httpd/logs/access_log
192.168.202.123 - - [22/Jan/2019:11:58:57 +0800] "GET / HTTP/1.1" 200 44
192.168.202.123 - - [22/Jan/2019:11:58:57 +0800] "GET /favicon.ico HTTP/1.1" 404 209
```

通过查看错误日志文件 error_log，可以为排查服务器运行故障提供参考依据。错误日志文件中的每一行对应一条错误记录，记录了发生错误的日期和时间、错误时间类型、错误事件的内容描述等信息。例如，当浏览器请求的网站图标文件 favicon.ico 不存在时，将会记录"…File does not exist：…favicon.ico"的信息。

```
root@ICICOS: ~#tail /usr/local/httpd/logs/error_log
[Tue Jan 22 11:58:57 2019] [error] [client 192.168.202.123] File does not exist: /usr/local/httpd/htdocs/favicon.ico
```

上述过程是使用 httpd 服务器部署并验证 Web 站点的基本步骤，其中涉及 httpd.conf 配置文件的改动量非常少，要搭建一台简单的 Web 服务器还是十分容易的。

10.2.2 httpd.conf 配置文件

若要对 Web 站点进行更加具体、更加强大的配置，仅仅学会添加"ServerName"配置项显然是远远不够的，还需要进一步熟悉 httpd.conf 配置文件，了解其他各种常见的配置项。

主配置文件 httpd.conf 由注释行、设置行两部分内容组成。与大多数 ICICOS 配置文件一样，注释性的文字以"#"开始，包含了对相关配置内容进行的说明和解释。除了注释行和空行以外的内容即设置行，构成了 Web 服务的有效配置。根据配置所作用的范围不同，设置行又可分为全局配置项、区域配置项。

1. 全局配置项

全局配置决定 httpd 服务的全局运行参数，使用"关键字 值"的配置格式。例如，配置网站名称时使用的"ServerName www.test.com"，其中"ServerName"为配置关键字，而"www.test.com"为对应的值。

每一条全局配置都是独立的配置，不需要包含在其他任务区域中。以下列出了 httpd.conf 文件中最常用的一些全局配置项。

```
ServerRoot "/usr/local/httpd"
Listen 80
User daemon
Group daemon
ServerAdmin webmaster@test.com
ServerName www.test.com
DocumentRoot "/usr/local/httpd/htdocs"
DirectoryIndex index.html index.php
ErrorLog logs/error_log
LogLevel warn
```

```
CustomLog logs/access_log common
PidFile logs/httpd.pid
CharsetDefault UTF-8
Include conf/extra/httpd-default.conf
```

在上述设置中，各全局配置项的含义如下。
- ServerRoot：设置 httpd 服务器的根目录，该目录包括运行 Web 站点必需的子目录和文件。默认的根目录为/usr/local/httpd，与 httpd 的安装目录相同。在 httpd.conf 配置文件中，如果指定目录或文件位置时不使用绝对路径，则该目录或文件位置都认为是在服务器的根目录下。
- Listen：设置 httpd 服务器监听的网络端口号，默认为 80。
- User：设置运行 httpd 进程时的用户身份，默认为 daemon。
- Group：设置运行 httpd 进程时的组身份，默认为 daemon。
- ServerAdmin：设置 httpd 服务器的管理员 E-mail 地址，及时通过邮件联系 Web 站点的管理员。
- ServerName：设置 Web 站点的完整主机名（主机名+域名）。
- DocumentRoot：设置网站根目录，即网页文档在系统中的实际存放路径。此配置项比较容易和 ServeRoot 混淆，需要格外注意。
- DirectoryIndex：设置网站的默认索引页（首页），可以设置多个首页文件，以空格分开，默认的首页文件为 index.html。
- ErrorLog：设置错误日志文件的路径，默认路径为 logs/error_log。
- LogLevel：设置记录日志的级别，默认路径为 warn（警告）。
- CustomLog：设置访问日志文件的路径、日志类型，默认路径为 logs/access_log，使用的类型为 common（通用格式）。
- PidFile：设置用于保存 httpd 进程号（PID）的文件，默认保存地址为 logs/httpd.pid,logs 目录位于 Apache 的服务器根目录下。
- CharsetDefault：设置站点中的网页默认使用的字符集编码，如 UTF-8，gb2312 等。
- Include：包含另一个配置文件的内容，可以实现将一些特殊功能的配置放到一个单独的文件中，再使用 include 配置项将其包含到 httpd.conf 文件中，这样便于独立进行配置功能的维护而不影响主配置文件。

以上配置项是 httpd.conf 文件中主要的全局配置项，还有其他很多配置项，在此不一一列举，如果需要使用可以查看 Apache 服务器中的相关帮助手册文档。

2. 区域配置项

除了全局配置项以外，httpd.conf 文件中的大多数配置是包括在区域中的，区域配置使用一对组合标记，限定了配置项的作用范围。例如，最常见的目录区域配置的形式如下所示：

```
<Directory />
    Options FollowSymLinks      //定义"/"目录区域的开始
    AllowOverride None          //控制选项，允许使用符号链接
    Order deny,allow            //不允许隐含控制文件中的覆盖配置
    Deny from all               //访问控制策略的应用顺序
```

</Directory>	//定义"/"目录区域的结束

在以上区域定义中，设置了一个根目录的区域配置，其中添加的访问控制相关配置只对根目录有效，而不会作用于全局或其他目录区域。

10.3　实验案例：构建 httpd 网站服务器

1. 实验环境

某公司根据其信息化建设要求，需要构建一台独立配置的网站服务器，考虑到站点的运行效率，稳定性及可扩展性等因素，要求在 ICICOS 系统中构建 httpd 服务器，并使用 httpd-2.2.17 源码版本进行编译安装。

2. 需求描述

■ 编译安装 httpd 服务器，要求支持动态模块扩展、地址重写、多字符集。

■ 配置并启动 httpd 服务，安装目录中的 manual 手册文档部署到 Web 根目录下。

■ 安装并配置 AWStats 日志分析系统，并查看网站访问情况。

3. 推荐步骤

步骤 1：编译安装 httpd 软件包

① 卸载系统自带的 httpd 等相关软件包。

② 解包 httpd 源码文件，并对其依次进行配置、编译、安装。注意正确添加配置选项。

③ 复制 apachectl 脚本，并将其添加为 httpd 系统服务。

步骤 2：配置并启动 httpd 服务

① 修改 httpd.conf 配置文件，并将网站名称设置为 www.test.com 默认首页设置为 index.html 和 index.php 网页默认字符集 UTF -8。

② 启动 httpd 服务程序，并确认端口监听状态。

步骤 3：部署及测试 Web 站

① 找到/usr/share/doc/HTML/zh-CN/，将其复制到网站的根目录下并改名为 ICICOS.html。

② 在浏览器中访问 http://www.test.com /ICICOS.html，应看到系统的版本导航页面内容。

10.4　本章总结

Apache HTTP Server 的软件包服务名称为 httpd。

http 服务器提供的 apachectl 脚本用于启动、终止、重启服务程序，也可以用来检查配置语法。

httpd 服务器的主配置文件是 httpd.conf，通过 Include 配置项可以加载其他配置文件。

httpd 服务器的日志文件包括访问日志 access_log 与错误日志 error_log。

10.5　章节自测

一、选择题

1. Apache HTTP Server 服务器的主要配置文件是（　　）。

　　A．http.conf

　　　B. apache.conf

　　　C. httpd.conf

　　　D. apachectl.conf

　2. Apache HTTP Server 服务器的默认访问日志文件是（　　　）。

　　　A. error_log

　　　B. access_log

　　　C. error.log

　　　D. access.log

　3. 在配置 httpd 服务时，使用（　　　）配置项指定网页文档的根目录。

　　　A. ServerRoot

　　　B. DocumentRoot

　　　C. DirectoryIndex

　　　D. ServerName

　4. 修改了 httpd 服务器的主配置文件后，可以执行（　　　）进行语法检查。

　　　A. /etc/init.d/httpd check

　　　B. /usr/local/httpd/bin/apachectl -t

　　　C. /usr/local/bin/httpd -t

　　　D. /usr/sbin/httpd-checkconf

二、简答题

简述 Apache HTTP Server 使用的日志文件类型及各自的用途。

三、操作题

　1. 编译安装 httpd-2.2.17 软件包，添加 --disable-info、--disable-userdir 两个配置选项，以便取消版本信息反馈、个人主页功能。

　2. 修改 httpd.conf 文件，将网站根目录改为 /var/www/html，并进行验证。

　3. 修改 httpd.conf 文件，通过 Include 配置项加载 conf/extra 目录下的 httpd-manual.conf 文件，并对其进行验证（访问 http://www.test.com/manual/en/）。

第 11 章　Shell 脚本基础

学习目标

随着 ICICOS 在企业中的应用越来越多，服务器的自动化管理也变得越来越重要。在 ICICOS 服务器的自动化维护工作中，除了计划任务的设置以外，Shell 脚本的应用也是非常重要的一部分。

本章将主要学习 Shell 脚本基础、变量使用等知识，要求学会编写简单的脚本。

本章重点

■ Shell 变量的应用

■ Shell 脚本的编写和执行

11.1　Shell 概述

在一些复杂的 ICICOS 维护工作中，大量重复性的输入和交互操作不但费时费力，而且容易出错，而编写一个恰到好处的 Shell 脚本程序，可以批量处理、自动化地完成一系列维护任务，会大大减轻管理员的负担。

11.1.1　编制第一个 Shell 脚本

ICICOS 中的 Shell 脚本是一个特殊的应用程序，它介于操作系统内核与用户之间，充当了一个"命令解释器"的角色，负责接收用户输入的操作指令（命令）并进行解释，将需要执行的操作传递给内核执行，并输出执行结果。

常见的 Shell 解释器程序有很多种，使用不同的 Shell 脚本时，其内部指令、命令行提示等会存在一些区别。通过/etc/shells 文件可以了解当前系统所支持的 Shell 解释器程序。

```
root@ICICOS: ~# cat /etc/shells
/bin/sh
/bin/bash
/sbin/nologin
...                                           //省略部分内容
```

其中，/bin/bash 是目前大多数 ICICOS 版本采用的默认 Shell 解释器程序。Bash 的全称为 Bourne Again Shell，是最受欢迎的开源软件项目之一。本节中讲述的所有 Shell 操作，均以 Bash 为例。

那么，什么是"Shell 脚本"呢？简单地说，只要将平时使用的各种 ICICOS 命令按顺序保存到一个文本文件，然后添加可执行权限，这个文件就成为一个 Shell 脚本了。例如，执行以下操作可以创建第一个脚本文件:first.sh。

```
root@ICICOS: ~# vi first.sh                   //新建 first.sh 文件
```

```
cd /boot/
pwd
ls -lh vml*
[root@ICICOS: ~]# chmod +x first.sh          //添加可执行权限
```

上述 first.sh 脚本文件中，包括三条命令：cd /boot、pwd、ls -lh vml*。执行此脚本文件后，输出结果与依次单独执行这三条命令是相同的，从而实现了"批量处理"的自动化过程。

```
root@ICICOS: ~# ./first.sh                   //直接运行脚本文件
/boot
-rwx-r-xr-x. 1 root root 4.0M 11 月 11 2020 vmlinuz
```

当然，一个合格的 Shell 脚本程序应该遵循标准的脚本结构，而且能够输出友好的提示信息、更加容易读懂。对于代码较多、结构复杂的脚本，应添加必要的注释文字。改写后的 first.sh 脚本内容如下所示。

```
root@ICICOS: ~# vi first.sh
#!/bin/bash
# This is my first Shell-Script
cd /boot
echo "当前的目录位于："
pwd
echo "其中以 vml 开头的文件包括："
ls -lh vml*
```

上述 first.sh 脚本文件中，第一行"#!/bin/bash 是一行特殊的脚本声明，表示此行以后的语句通过/bin/bash 程序来解释执行；其他以"#"开头的语句表示注释信息；echo 命令用于输出字符串，以使脚本的输出信息更容易读懂。例如，执行改写后的 first.sh 脚本，输出结果如下所示：

```
root@ICICOS: ~#   ./first.sh
```

当前的目录位于：

```
/boot
```

其中以 vml 开头的文件包括：

```
-rwx-r-xr-x. 1 root root 4.0M 11 月 11 2013 vmlinuz
```

直接通过文件路径"./first.sh"的方式执行脚本，要求文件本身具有 x 权限，在某些安全系统中可能无法满足此条件。鉴于此，ICICOS 还提供了执行 Shell 脚本的其他方式——指定某个 Shell 来解释脚本语句，或者通过内部命令 Source（或点号"."）来加载文件中的源代码执行。例如，使用"sh first.sh"或". first.sh"也可以执行 first.sh 脚本中的语句。

```
root@ICICOS: ~# sh first.sh                  //通过/bin/sh 来解释脚本
```

或者：

```
root@ICICOS: ~# . first.sh                   //通过点号来加载脚本
```

ICICOS 中包括大量的 Shell 脚本文件，如/etc/init.d 目录下的各种服务控制脚本，在学习 Shell

脚本的过程中可用来作为参考，但应尽量避免直接修改系统脚本，以免导致服务或系统故障。

11.1.2　重定向与管道操作

由于 Shell 脚本"批量处理"的特殊性，其大部分操作过程位于后台，不需要用户进行干预。因此学会提取、过滤执行信息变得十分重要。本节主要介绍 Shell 环境中的两个 I/O 操作：重定向、管道。

1. 重定向操作

ICICOS 使用文件来描述各种硬件、设备等资源，如以前学过的硬盘和分区、光盘等设备文件。用户通过操作系统处理信息的过程中，包括以下几类交互设备文件。

- 标准输入（STDIN）：默认的设备是键盘，文件编号为 0，命令将从标准输入文件中读取在执行过程中需要的输入数据。
- 标准输出（STDOUT）：默认的设备是显示器，文件编号为 1，命令将执行后的输出结果发送到标准输出文件。
- 标准错误（STDERR）：默认的设备是显示器，文件编号为 2，命令将执行期间的各种错误信息发送到标准错误文件。

标准输入、标准输出和标准错误默认使用键盘和显示器作为关联的设备，与操作系统进行交互，完成最基本的输入、输出操作。从键盘接收用户输入的各种命令字串、辅助控制信息，并将命令结果输出到屏幕上；如果命令执行出错，也会将错误信息反馈到屏幕上。

在实际的 ICICOS 系统维护中，可以改变输入、输出内容的方向，而不使用默认的标准输入、输出设备（键盘和显示器），这种操作称为"重定向"。

（1）重定向输出

重定向输出指的是将命令的正常输出结果保存到指定的文件中，而不是直接显示在显示器的屏幕上。重定向输出使用">"或">>"操作符号，分别用于覆盖或追加文件。

若重定向输出的目标文件不存在，则会新建该文件，然后将前面命令的输出结果保存到该文件中；若目标文件已经存在，则将输出结果覆盖或追加到文件中。例如，若要将当前主机的 CPU 类型信息（uname-p）保存到 kernel.txt 文件中，而不是直接显示在屏幕上，可以执行以下操作。

```
root@ICICOS: ~# uname -p > kernel.txt
root@ICICOS: ~~# cat kernel.txt
x86_64
```

当需要保留目标文件原有的内容时，应改用">>"操作符号，以便追加内容而不是全部覆盖。例如，执行以下操作可以将内核版本信息追加到 kernel.txt 文件中。

```
root@ICICOS: ~# uname -r >> kernel.txt
root@ICICOS: ~# cat kernel.txt
x86_64
2.6.32-431.el6.x86_64
```

（2）重定向输入（root@ICICOS ~# cat < /etc/passwd）

重定向输入指的是将命令中接收输入的途径由默认的键盘改为指定的文件，而不是等待从键盘输入。重定向输入使用"<"操作符。

默认情况下，cat 命令会接受标准输入设备（键盘）的输入，并显示到控制台，但如果用文件代替键盘作为输入设备，那么该命令会以指定的文件作为输入设备，并将文件中的内容读取并显示到控制台。

以/etc/passwd 文件（存储了系统中所有用户的基本信息）为例，执行如下命令：

```
root@ICICOS: ~# cat /etc/passwd
#这里省略输出信息，读者可自行查看

root@ICICOS: ~# cat < /etc/passwd
#输出结果同上面命令相同
```

注意，虽然执行结果相同，但第一行代表是以键盘作为输入设备，而第二行代码是以/etc/passwd 文件作为输入设备。

（3）错误重定向

错误重定向指的是将执行命令过程中出现的错误信息（如选项或参数错误等）保存到指定的文件，而不是直接显示在屏幕上。错误重定向使用"2>"操作符，其中"2"是指错误文件的编号（在使用标准输出、标准输入重定向时，实际上省略了1、0编号）。

在实际应用中，错误重定向可用来收集程序执行的错误信息，为排错提供依据；对于 Shell 脚本，还可以将无关紧要的错误信息重定向到空文件/dev/null 中，以保持脚本输出的简洁。例如，执行以下操作可以将使用 Tar 命令进行备份时出现的错误信息保存到 error.log 文件中。

```
root@ICICOS: ~# tar jcf /nonedir/etc.tgz /etc/ 2>error.log
root@ICICOS: ~# cat error.log
tar (child): /nonedir/etc.tgz：无法 open: 没有那个文件或目录
tar (child): Error is not recoverable: exiting now
tar: 从成员名中删除开头的"/"
tar: /nonedir/etc.tgz：无法 write: 断开的管道
tar: Error is not recoverable: exiting now
```

使用"2>"操作符时，会像使用">"操作符一样覆盖目标文件的内容，若要追加内容而不是覆盖文件，应改用"2>>"操作符。

当命令输出的结果可能既包括标准输出（正常执行）信息，又包括错误输出信息时，可以使用操作符">""2>"将两类输出信息分别保存到不同的文件，也可以使用"&>"操作符将两类输出信息保存到同一个文件。例如，在编译源码包的自动化脚本中，若要忽略 make、make install 等操作过程信息，可以将其定向到空文件/dev/null.txt。

```
root@ICICOS: ~# vi httpd_install.sh
    #!/bin/bash
    # 自动编译安装 httpd 服务器的脚本
    cd /usr/local/src/
    cd httpd-2.2.29 &> /dev/null.txt
  ./configure --prefix=/usr/local/httpd --enable-so &> /dev/null.txt
    make && make install &> /dev/null.txt
    root@ICICOS:~# chmod +x httpd_install.sh
```

2. 管道操作

管道操作为不同命令之间的协同工作提供了一种机制，位于管道符号"|"左侧的命令输出的结果，将作为右侧命令的输入（处理对象），同一行命令中可以使用多个管道。

在 Shell 脚本应用中，管道操作通常用来过滤所需要的关键信息。例如，使用 grep 命令查询使用"/bin/bash"作为 Shell 的用户名称时，会输出符合条件的整行内容，在此基础上可以结合管道操作与 Awk 命令做进一步过滤，只输出用户名和登录 Shell 列。

```
root@ICICOS: ~# grep "/bin/bash$" /etc/passwd
root:x:0:0:root/root:/bin/bash
loongson:x:1000:1000:loongson,,,,:/home/loongson:/bin/bash
root@ICICOS: ~# grep "bash$" /etc/passwd | awk   -F: '{print $1,$7}'
                                                            //提取之后

root /bin/bash
loongson /bin/bash
```

上例中，awk 命令的作用是以冒号":"作为分隔，输出第 1、第 7 个区域的字符串。其中的"-F"部分用来指定分隔符号（未指定时，默认以空格或制表符分隔）。关于 awk 命令的更多用法，这里不做详细讲解，请大家参阅其他资料。

再例如，若要提取根分区（/）的磁盘使用率信息，可以执行以下操作，其中用到了 df、grep、awk 命令和管道操作。

```
root@ICICOS: ~# df -hT                    //提取之前
    文件系统      类型      容量   已用   可用   已用%%  挂载点
    /dev/sda2    ext3     27G    17G   9.0G   65% /
    tmpfs        tmpfs    248M    0    248M    0% /lib/init/rw
    udev         tmpfs    10M   576K  9.5M    6% /dev
    tmpfs        tmpfs    248M    0    248M    0% /dev/shm
    none         tmpfs    248M    0    248M    0% /tmp
    /dev/sda1    ext2    291M  4.2M   272M    2% /boot
root@ICICOS: ~# df -hT | grep "/$" | awk '{print $6}'   //提取之后其中 grep "/$"表示提取以"/"结尾的行
65%
```

重定向与管道操作是 Shell 环境中十分常用的功能，若能够熟练掌握并灵活运用，将有助于编写代码简洁但功能强大的 Shell 脚本程序。

11.2　使用 Shell 变量

各种 Shell 环境中都使用到了"变量"的概念。Shell 变量用来存放系统和用户需要使用的特定参数（值），而且这些参数可以根据用户的设定或系统环境的变化而相应变化。通过使用变量，Shell 程序能够提供更加灵活的功能，适应性更强。

常见 Shell 变量的类型包括自定义变量、环境变量、位置变量、预定义变量。本节将分别介绍这四种 Shell 变量的使用。

11.2.1　自定义变量

自定义变量是由系统用户自己定义的变量，只在用户自己的 Shell 环境中有效，因此又称为本地变量。在编写 Shell 脚本程序时，通常会设置一些特定的自定义变量，以适应程序执行过程中的各种变化，满足不同的需要。

1．定义新的变量

Bash 中的变量操作相对比较简单，不像其他高级编程语言（如 C/C++、Java 等）那么复杂。在定义一个新的变量时，一般不需要提前进行声明，而是直接指定变量名称并赋给初始值（内容）即可。

定义变量的基本格式为"变量名=变量值"，等号两边没有空格。变量名称需以字母或下划线开头，名称中不要包含特殊字符（如+、-、*、/、.、?、%、&、#等）。例如，若要定义一个名为"Product"的变量（值为 test）和一个名为"Version"的变量（值为 5.0），可以执行以下操作。

```
root@ICICOS: ~# Product=test
root@ICICOS: ~# Version=5.0
```

2．查看和引用变量的值

通过在变量名称前添加前导符号"$"，可以引用一个变量的值。使用 Echo 命令可以查看变量，可以在一条 Echo 命令中同时查看多个变量值。

```
root@ICICOS: ~# echo $Product
test
root@ICICOS: ~# echo $Product $Version
test 5.0
```

当变量名称容易和紧跟其后的其他字符相混淆时，需要添加大括号"{ }"将其括起来，否则将无法确定正确的变量名称。对于未定义的变量，将显示为空值。

```
root@ICICOS: ~# echo $Product4.5        //变量 Product4 并未定义
    .5
root@ICICOS: ~# echo ${Product}4.5
    test4.5
```

3．变量赋值的特殊操作

在等号"="后边直接指定变量内容是为变量赋值的最基本方法，除此之外，还有一些特殊的赋值操作，可以更灵活地为变量赋值，以便适用于各种复杂的管理任务。

（1）双引号（""）

双引号主要起界定字符串的作用，特别是当要赋值的内容中包含空格时，必须以双引号括起来；其他情况下双引号通常可以省略。例如，若要将"test 5.0"赋值给变量 test，应执行"test=" test5.0""操作。

```
root@ICICOS: ~# test=test 5.0        //错误的赋值
-bash:5.0:command not found
root@ICICOS: ~# test="test 5.0"        //正确的赋值
root@ICICOS: ~#echo $test
test 5.0
```

在双引号范围内，使用"$"符号可以引用其他变量的值（变量引用），从而能够直接调用现有变量的值来赋给新的变量。例如，执行以下操作可以调用变量 Version 的值，将其赋给一个新的变量 ABC，最终的值为"ABC 5.0"。

```
root@ICICOS: ~# ABC="ABC $Version"        //以变量的值进行赋值
root@ICICOS: ~#echo $ABC
    ABC 5.0
```

（2）单引号（''）

当要赋值的内容中包含"$""""\"等具有特殊含义的字符时，应使用单引号括起来，在单引号的范围内，将无法引用其他变量的值，任何字符均作为普通字符看待。但赋值内容中包含单引号时，需使用"\"符号进行转义，以免冲突。

```
root@ICICOS: ~# ABC='ABC $Version'        //$符号不再能引用变量
root@ICICOS: ~# echo $ABC
[root@ICICOS: ~]/11# echo $ABC
    ABC $version                          //原样输出字符串
```

（3）反撇号（``）

反撇号主要用于命令替换，允许将执行某个命令的屏幕输出结果赋值给变量。反撇号括起来的范围内必须是能够执行的命令行，否则将会出错。例如，若要在一行命令中查找 tar 命令程序的位置并列出其详细属性，可以执行以下操作。

```
root@ICICOS: ~# ls -lh `which useradd`
-rwxr-x---. 1 root root 101K 8 月  2 2011 /usr/sbin/useradd
```

上述操作相当于连续执行了两条命令先通过 which useradd 命令查找出 useradd 命令的程序位置，然后根据查找结果列出文件属性。执行过程中，会用 which useradd 命令的输出结果替换整个反撇号范围。

再例如，若要提取当前时间，并将其赋值给变量 Deny_Users，可以执行以下操作。

```
root@ICICOS: ~# DenyList=`date`
root@ICICOS: ~# echo $DenyList
    Thu Dec 3 09:12:39 EST 2020
```

需要注意的是，使用反撇号难以在一行命令中实现嵌套命令替换操作，这时可以改用"$()"来代替反撇号操作以解决。例如，若要查询系统的日期与时间，可以执行以下操作（从里到外先后执行替换）。

```
[root@ICICOS: ~]/11# c=$(cat c.txt $(date    &> c.txt))
[root@ICICOS: ~]/11# echo $c
    Fri Dec 4 09:38:05 EST 2020
```

（4）read 命令

除了上述赋值操作以外，还可以使用 Bash 的内置命令 read 来给变量赋值。read 命令用来提示用户输入信息，从而实现简单的交互过程。执行时将从标准输入设备（键盘）读入一行内容，并以空格为分隔符，将读入的各字段挨个赋值给指定的变量（多余的内容赋值给最后一个变量）。若指定的变量只有一个，则将整行内容赋值给此变量。

例如，执行以下操作将会等待用户输入文字，并将输入的内容赋值给变量 ToDir1。

```
root@ICICOS: ~# read ToDir1
/opt/backup/
root@ICICOS: ~# echo $ToDir1
/opt/backup/
```

为了使交互式操作的界面更加友好，提高易用性，read 命令可以结合"-p"选项来设置提示信息，以便告知用户应该输入什么内容等相关事项。例如，若希望提示用户输入备份文件的存放目录，并将输入的路径信息赋值给变量 ToDir2，可以执行以下操作。

```
root@ICICOS: ~#   read -p "请指定备份存放目录:" ToDir2
```

请指定备份存放目录:/opt/ backup：

```
root@ICICOS: ~#   echo $ToDir2
/opt/backup
```

4．设置变量的作用范围

默认情况下，新定义的变量只在当前的 Shell 环境中有效，因此称为局部变量。当进入子程序或新的子 Shell 环境时，局部变量将无法再使用。例如，直接执行 Bash 进入一个新的子 Shell 脚本后，将无法引用父级 Shell 环境中定义的 Product、Version 等变量。

```
root@ICICOS: ~#echo "$Product $Version"          //查看当前定义的变量值
test 5.0
root@ICICOS: ~#   bash                           //进入子 Shell 环境
root@ICICOS: ~#   echo "Product $Version"        //无法调用父 Shell 环境中的变量
root@ICICOS: ~#   exit                           //返回原有的 Shell 环境
```

为了使用户定义的变量在所有的子 Shell 环境中能够继续使用，减少重复设置工作，可以通过内部命令 Export 将指定的变量导出为"全局变量"。可以同时指定多个变量名称作为参数（不需使用"$"符号），变量名之间以空格分隔。

```
root@ICICOS: ~#   echo "$Product $Version"        //查看当前定义的变量值
test 5.0
root@ICICOS: ~#   export Product Version          //将 Product、Version 设为全局变量
root@ICICOS: ~#   bash                            //进入子 Shell 环境
root@ICICOS: ~#   echo "$Product $Version"
test 5.0                                          //可以调用父 Shell 的全局变量
root@ICICOS: ~# exit                              //返回原有的 Shell 环境
```

使用 export 导出全局变量的同时，也可以为变量进行赋值，这样在新定义全局变量时就不需要提前进行赋值了。例如，执行以下操作可以直接新建一个名为 FQDN 的全局变量。

```
root@ICICOS: ~#   export FQDN="www.test.com.cn"
root@ICICOS: ~#   echo $FQDN
    www.test.com.cn
```

5．数值变量的运算

Shell 变量的数值运算多用于脚本程序的过程控制（如循环次数、使用量比较等，后续章节会介绍）。在 Bash Shell 环境中，只能进行简单的整数运算，不支持小数运算。整数值的运算主要通过内部命令 Expr 进行，基本格式如下所示。需要注意，运算符与变量之间必须有至少一个空格。

---

expr 变量1 运算符　变量2　[运算符 变量3] …

其中，变量1、变量2……对应为需要计算的数值变量（需要以"$"符号调用），常用的几种运算符如下所述。

- +：加法运算。
- −：减法运算。
- *：乘法运算，注意不能仅使用"*"符号，否则将被当成文件通配符。
- /：除法运算。
- %：求模运算，又称为取余运算，用来计算数值相除后的余数。

以下操作设置了 X（值为 35）、Y（值为 16）两个变量，并依次演示了变量 X、Y 的加、减、乘、除、取模运算结果。

```
root@ICICOS: ~#    X=35
root@ICICOS: ~#    Y=16
[root@ICICOS: ~]~#    expr $X + $Y
51
root@ICICOS: ~#    expr $X - $Y
19
root@ICICOS: ~#    expr $X \* $Y
560
root@ICICOS: ~#    expr $X / $Y
2
root@ICICOS: ~#    expr $X % $Y
3
```

若要将运算结果赋值给其他变量，可以结合命令替换操作（使用反撇号）。例如，计算变量 Y 的 3 次方，并将结果赋值给变量 Ycube。

```
root@ICICOS: ~# Ycube=`expr $Y \* $Y \* $Y`
root@ICICOS: ~# echo $Ycube
4096
```

11.2.2　特殊的 Shell 变量

除了用户自行定义的 Shell 变量以外，在 ICICOS 和 Bash Shell 环境中还有一系列的特殊变量环境变量、位置变量、预定义变量。下面分别进行介绍。

1．环境变量

环境变量指的是出于运行需要而由 ICICOS 提前创建的一类变量主要用于设置用户的工

作环境，包括用户宿主目录、命令查找路径，用户当前目录、登录终端等。环境变量的值由 ICICOS 自动维护，会随着用户状态的改变而改变。

　　使用 env 命令可以查看到当前工作环境下的环境变量，对于常见的一些环境变量应了解其各自的用途。例如，变量 USER 表示用户名称，HOME 表示用户的宿主目录，LANG 表示语言和字符集，PWD 表示当前所在的工作目录，PATH 表示命令搜索路径等。

```
root@ICICOS:~#  env                          //选取部分内容
USER=root
HOME=/root
HOSTNAME=localhost.localdomain
LANG=zh_CN.UTE-8
PATH=/usr/lib64/qt-3.3/bin:/usr/local/sbin:/usr/local/bin:/sbin:/bin:
PWD=/root
SHELL=/bin/bash
```

　　PATH 变量用于设置可执行程序的默认搜索路径，当仅指定文件名称来执行命令程序时，ICICOS 将在 PATH 变量指定的目录范围查找对应的可执行文件，如果找不到则会提示 "command not found"。例如，first.sh 脚本位于/root 目录下，若希望能直接通过文件名称来运行脚本，可以修改 PATH 变量以添加搜索路径，或者将 first.sh 脚本复制到现有搜索路径中的某个文件夹下。

```
root@ICICOS:~# ls -lh /root/first.sh                //确认脚本位置
-rwxr-xr-x. 1 root root   145 6 月  5 19:11 /root/first. sh
root@ICICOS:~#   echo $PATH                         //查看当前搜索路径
/usr/lib64qt-3.3/bin:/usr/local/sbin:/usr/local/bin:/sbin:/bin:
usr/sbin:/usr/bin:/root/bin
root@ICICOS:~#   first.sh
-bash: first.sh: command not found                  //直接执行时找不到命
root@ICICOS:~#   PATH="$PATH:/root"                 //将/root 添加到搜索路径
root@ICICOS:~#   echo $PATH                         //查看修改后的搜索路径
/usr/lib64/qt-3.3/bin:/usr/local/sbin:/usr/local/bin:/sbin:/bin: /usr/sbin:/usr/bin:/root/bin:/root
root@ICICOS:~#   first.sh                           //直接以文件名运行脚本
当前的目录位于:
/boot
其中以 vm1 开头的文件包括:
-rwx-r-xr-x. 1 root root 4.0M 11 月  11 2013 vmlinuz-2.6.32-431.el6.x86_64
```

　　在 ICICOS 中，环境变量的全局配置文件为/etc/profile，在此文件中定义的变量作用于所有用户。除此之外，每个用户还有自己的独立配置文件（~/.bash_profile）。若要长期变更或设置某个环境变量，应在上述文件中进行设置。例如，执行以下操作可以将记录的历史命令条数改为 100 条（默认为 1 000 条），只针对 root 用户。

```
root@ICICOS:~# vi /root/.bash_profile
…                                              //省略部分内容
Export HISTSIZE=100
```

上述修改只有当 root 用户下次登录时才会生效。若希望立即生效，应手动修改环境变量，或者可以加载配置文件执行。

```
root@ICICOS:~#   history | wc -l              //记录的历史命令条数
root@ICICOS:~#   source /root/.bash_profile   //读取并执行文件中的设置
root@ICICOS:~#   history | wc -l
100                                           //修改后的历史命令条数
```

2. 位置变量

为了在使用 Shell 脚本程序时，方便通过命令行为程序提供操作参数 Bash 引入了位置变量的概念。当执行命令行操作时，第一个字段表示命令名或脚本程序名，其余的字符串参数按照从左到右的顺序依次赋值给位置变量。

位置变量也称为位置参数，使用 s1，s2，s3，…，s9 表示。例如，当执行命令行 "ls -lh /boot/" 时，其中第 1 个位置变量为 "-lh"，以 "$1" 表示；第 2 个位置变量为/boot，以 "$2" 表示。命令或脚本本身的名称使用 "$0" 表示，虽然$0 与位置变量的格式相同，但是$0 属于预定义变量而不是位置变量。

为了说明位置变量的作用，下面编写一个加法运算的小脚本 adder2num.sh，用来计算两个整数的和。需要计算的两个整数在执行脚本时以位置变量的形式提供。

```
root@ICICOS:~# vi adder2num.sh
#!/bin/bash
SUM='expr $1 + $2'
echo "$1 + $2 =$SUM"
root@ICICOS:~# chmod  +x   adder2num.sh
root@ICICOS:~# ./adder2num.sh 12 34      //$1 为 12、$2 为 34 的情况
12 + 34 = 46
root@ICICOS:~# ./adder2num.sh 56 78      //$1 为 56、$2 为 78 的情况
56 + 78 = 134
```

3. 预定义变量

预定义变量是由 Bash 程序预先定义好的一类特殊变量，用户只能使用预定义变量，而不能建新的预定义变量，也不能直接为预定义变量赋值。预定义变量使用符号和另一个符号组合表示，较常用的几个预定义变量的含义如下。

- $#：表示命令行中位置参数的个数。
- $*：表示所有位置参数的内容。
- $?：表示前一条命令执行后的返回状态，返回值为 0 表示执行正确，返回任何非 0 值均表示执行出现异常。关于$?变量的使用将在第 12 章介绍。
- $0：表示当前执行的脚本或程序的名称。

为了说明预定义变量的作用，下面编写一个备份操作的小脚本，用来打包命令行指定的多文件或目录，并输出相关信息。其中，新建的压缩包文件名称中嵌入秒刻（从 1970 年 1 月 1 日至今经过的秒数），通过"date+%s"命令获取秒刻时间。

```
root@ICICOS:~# vi mybak.sh
#!/bin/bash
```

```
TARFILE=beifen-'date +%s'.tgz
tar zcf $TARFILE $* &> /dev/null
echo "已执行 $0 脚本，"
echo "共完成 $# 个对象的备份"
echo "具体内容包括： $*"
root@ICICOS:~# chmod +x mybak.sh
root@ICICOS:~# ./mybak.sh /boot/grub          //备份一个对象的情况
已执行./mybak,sh 脚本,
共完成 1 个对象的备份
具体包括:/boot/grub
root@ICICOS:~# ./mybak.sh /etc/passwd /etc/shadow
                                              //备份两个对象的情况已执行./mybak,sh 脚本,
已执行./mybak.sh 脚本
共完成 2 个对象的备份
具体包括:/etc/passwd /etc/shadow
root@ICICOS:~# ls -lh beifen-*                //确认备份结果
-rw-r--r--. 1 rootroot 118K 6 月 21:51 beifen-1401972022 taz
-rw-r--r--. 1 rootroot 1.6K 6 月 21:51 beifen-1401972038.tgz
```

11.3　Shell 脚本与计划任务

周期性的任务可以通过 Crond 服务来管理，而步骤复杂、操作烦琐的任务可以使用 Shell 脚本来批量处理，两者相结合就可以非常灵活、自主地完成各种系统运维工作。

本节将以实现 MySQL 数据库的定期自动备份为目标，介绍 Shell 脚本与计划任务的完美协作过程。其中，Shell 脚本负责具体的备份操作，Crond 服务负责控制备份周期。

1．确定备份方案

对于存在多个应用的数据库服务器，备份工作可能会划分得比较细，需要针对不同的库和表，不同的备份路径使用不同的验证用户等。下面以远程备份"test 在线"平台的两个论坛数据库为例，备份环境与需求如下所述。

- 备份主机：IP 地址为 192.168.4.10，通过机柜内网络连接目标主机。
- 数据库服务器：IP 地址为 192.168.4.110，MySql 服务监听的端口为 3306。
- 备份内容：对 MySQL 服务器中的 test、auth 库进行远程备份，每天凌晨 2:30 执行，每个库备份为独立的.sql 文件，然后压缩为"tar.gz"格式，文件名中嵌入执行备份时的日期和时刻。

为了顺利完成上述备份方案，首先需要做两个工作：其一，确保备份主机与数据库服务器之间保持连接畅通，不能有网络链路故障、防火墙封锁等阻碍；其二，MySql 服务必须允许从备份主机远程访问，且授权用户能够查询 test、auth 库。

针对本案例的情况，可以创建一个专用的数据库备份账户 Operator，允许从备份主机 192.168.202.10 连接到 MySQL 数据库，并授予对 test、auth 库的读取权限。使用逻辑备份工具 mysqldump 时，需要对库设置 SELECT 和 LOCK TABLES 权限。

```
Mysql>GRANT select,lock tables ON test.* TO 'operator'@'192.168.4.10' IDENTIFIED BY 'pwd123';
```

```
Mysql>GRANT select,lock tables ON auth.* TO 'operator'@'192.168.4.10' IDENTIFIED BY 'pwd123';
```

　　然后从备份主机中测试数据库访问、查询授权等是否有效，或者直接使用 mysqldump 备份工具进行测试。

```
root@ICICOS:~#   mysqldump -u operator -ppwd123 -h 192.168.4.110 --databases test > test.sql
root@ICICOS:~#   ls -lh test.sql
-rw-r--r--. 1 root root 337K 6 月 5 21:40 test.sq1
```

2．编写 MySQL 备份脚本

　　在备份主机中，创建用来存放备份文件的目录（如/opt/testzx_dbbak），并编写相应的备份脚本（如 testzx_dbbak.sh），确认能够成功执行备份。脚本代码中，对于目标主机的 IP 地址、用户名、密码、备份路径、文件名等信息，可能会在必要的时候变更。为了方便更新脚本，这些内容最好存放到固定名称的变量中。

```
root@ICICOS:~# mkdir -p /opt/testzx_dbbak                //创建备份目录
root@ICICOS:~# vi testzx_dbbak.sh
#!/bin/bash
#这是一个简化的 MyQL 数据库逻辑备份脚本
#1.定义数据库连接、目标库信息
MY_USER="operator"
MY_PASS="pwd123"
MY_HOST="192.168.4.10"
MY_CONN="-u $MY_USER -p$MY_PASS -h $MY_HOST"
MY_DB1="testdn"
MY_DB2="auth"
#2.定义备份目录、工具、时间、文件名主体
BE_DIR="/opt/testzx_dbbak/"
BF_CMD="/usr/bin/mysqldump"
BF_TIME='date +%Y%m%d-%H%M'        //时间格式:YYYYmmdd-HHMM
NAME_1="$MY_DB1-$BF_TIME"
NAME_2="$MY_DB2-$BF_TIME"
#3.先导出为.sq1 脚本，然后再进行压缩（打包后删除原文件）
cd $BE_DIR
$BF_CMD $MY_CONN --databases $MY_DB1 > $NAME_1.sql
$BF_CMD $MY_CONN --databases $MY_DB2 > $NAME_2.sql
/bin/tar zcf $NAME_1.tar.gz $NAME_1.sql -- remove &> /dev/null
/bin/tar zcf $NAME_2.tar.gz $NAME_2.sql - remove &> /dev/null
root@ICICOS:~# chmod +x testzx_dbbak.sh                //添加执行权限
root@ICICOS:~# ./testzx_dbbak.sh                       //手动执行备份脚本
root@ICICOS:~# 1s -1h /opt/testzx_dbbak/*.gz           //确认备份结果
总计 144K
-rw-r—r-- l root root 65K 05-04 16:58 auth-20110504-1658.tar.gz
-rw-r—r-- l root root 65K 05-04 16:58 test-20110504-1658.tar.gz
```

　　当需要备份的数据库发生变化时，只要修改脚本中的相关变量即可，从而使备份脚本具有可重用、可移植使用的特点，减少了大量重复编码的工作量。

3. 设置计划任务

有了批量备份的 Shell 脚本以后，接下来可按照备份要求设置计划任务，以便自动、定期执行备份操作。在 Crontab 配置记录中，直接指定 testzx_dbbak.sh 脚本程序的路径作为执行命令。

```
root@ICICOS:~# mv testzx_dbbak.sh /opt/testzx_dbbak/     //将脚本也转移至备份目录
root@ICICOS:~# crontab -e
30 2 * * * /opt/testzx_dbbak/testzx_dbbak.sh             //在指定时间执行脚本程序
root@ICICOS:~# service crond status
Crond (pid 24814) 正在运行…                              //确保 crond 服务已运行
```

11.4 实验案例：编写并使用 Shell 脚本

1. 实验环境

为了集中查看 ICICOS 服务器各方面的运行情况，管理员（root）希望定制自己的登录环境，以便自动显示监控信息。另外，通过编写简单的 Shell 脚本，熟悉 ICICOS 自动化管理的基本途径。

2. 需求描述

为 root 用户编写登录欢迎脚本，报告当前主机中的进程数，已登录用户数。根文件系统的磁盘使用率，当从 TTY 终端登录时，显示的效果如下所示。

```
Kernael 2.6.32-32-431.el6.x86_64
Localhost login: root
Password :
Last login : Wed May 4 19:00:04 on tty2
Runing Proceses :78
Login Users :3
Usage of / Filesystem :7%
root@ICICOS:~# _
```

编写 start、stop、status 三个脚本程序，用来启动、停止各种系统服务，例如，直接执行 stop、crond、start、croud 命令即可停止、启动 crond 的服务。

3. 推荐步骤

步骤 1：编写登录欢迎脚本

① 新脚本文件 welcome.sh，用来输出各种监控信息。

提示：

使用 ps、wc 命令统计进程数，使用 who、wc，命令统计已登录用户数；使用 df、grep、awk 命令获得根分区占用情况。

② 修改/root/ .bash_profile 文件，调用 welcome .sh 脚本程序。

③ 使用 root 用户重新登录，验证欢迎脚本的输出信息。

步骤 2：编写服务脚本控制脚本

① 编写 status 脚本，存放到/root/bin 目录下（默认搜索路径之一）。

提示：

使用位置变量 $1 来获取服务器名称，查看服务的运行状态。

② 编写 stop、start 脚本 （参照 status 脚本文件，稍作修改即可）。

11.5　本章总结

Shell 脚本的内容构成：环境声明、注释文字、执行语句。

重定向包括重定向输入、重定向输出、错误重定向。

定义或赋值变量时，采用 “变量名=变量值” 的格式，赋值操作还可以使用单引号、双引号、反撇号、read 命令等方式。

查看或引用变量的值时，采用 “$变量名” 的格式。

常见的特殊变量包括环境变量、位置变量、预定义变量。

将复杂的任务组织成 Shell 脚本，再结合 crond 服务设置计划任务，可以完成许多自动化管理工作。

11.6　章节自测

一、选择题

1. 若要通过 （　　 ） 方式执行脚本/root/first.sh，必须为该脚本文件设置可执行权限。

   A．/root/first.sh

   B．./root/first.sh

   C．bash /root/first.sh

   D．sh /root/first.sh

2. 在 ICICOS 的环境变量中，（　　 ）用来设置可执行程序的默认搜索路径。

   A．PWD

   B．PATH

   C．SEARCH

   D．WHICH

3. 使用重定向操作时，操作符 （　　 ）用来保存执行过程中出现的错误信息。

   A．>

   B．<

   C．2>

   D．&>

4. 若在命令行执行 “./adder2nun.sh 12 34 命令”，则位置变量$1 的值应为 （　　 ）。

   A．12

   B．34

   C．adder2num

   D．./adder2num.sh

5. Bash Shell 的预定义变量中，（　　 ）用来表示位置参数的个数。

   A．$*

B. $?

C. $#

D. $0

二、简答题

1. 简述一个完整的 Shell 脚本由哪些内容构成。

2. 简述在 Shell 变量应用中单引号、双引号、反撇号的用途。

三、操作题

1. 过滤出本机 eth0 网卡的 MAC 地址，并赋值给变量 HWaddr。

2. 编写一个小脚本程序 sumsquare.sh，用来计算两个整数的平方和。例如，当执行 "sumsquare.sh 3 4" 命令时，输出结果为 25；当执行 "sumsquare.sh 5 6" 命令时，输出结果为 61。

3. 编写一个小脚本程序 memusage.sh，根据 Free 命令的结果计算内存使用率。

第 12 章　Shell 脚本初级应用

学习目标

在简单的 Shell 脚本程序中，各条语句将按先后顺序依次执行，从而实现批处理的自动化过程。然而，单一的顺序结构使得脚本过于机械化，不够"智能"，难以处理更加灵活的系统任务。

本章将学习如何进行条件测试操作，并通过正确使用 if 语句，使 Shell 脚本具有一定的"判断"能力，以根据不同的条件来完成不同的管理任务。

本章重点

■ 整数值比较，逻辑测试
■ if 语句的结构及应用

12.1　条件测试操作

要使 Shell 脚本程序具备一定的"智能"，面临的第一个问题就是如何区分不同的情况以确定执行何种操作。例如，当磁盘使用率超过 95%时发送告警信息，当备份目录不存在时能够自动创建，当源码编译程序时若配置失败则不再继续安装等。

Shell 环境根据命令执行后的返回状态值（$?）来判断是否执行成功，当返回值为 0 时表示成功，否则（非 0 值）表示失败或异常。使用专门的测试工具——test 命令，可以对特定条件进行测试，并根据返回值来判断条件是否成立，（返回值为 0 表示条件成立）。

使用 test 测试命令时，包括以下两种形态。

test 条件表达式

或者

[条件表达式]

这两种方式的作用完全相同，但通常后一种形式更为常用，也更贴近编程习惯。需要注意的是，方括号"["或者"]"与条件表达式之间需要至少一个空格进行分隔。根据需要测试的条件类别不同，条件表达式也不同，比较常用的条件操作包括文件测试、整数值比较、字符串比较，以及针对多个条件的逻辑测试。下面分别进行介绍。

1．文件测试

文件测试指的是根据给定路径名称，判断给定路径里面对应的是文件还是目录，或者判断文件是否可读、可写、可执行等。文件测试的常见操作选项如下，使用时将测试对象放在操作选项之后即可。

■ -d：测试是否为目录（directory）。
■ -e：测试目录或文件是否存在（exist）。
■ -f：测试是否为文件（file）。

- -r：测试当前用户是否有权限读取（read）。
- -w：测试当前用户是否有权限写入（write）。
- -x：测试是否设置有可执行（execute）权限。

执行条件测试操作以后，通过预定义变量"$?"可以获得测试命令的返回状态值，从而判断该条件是否成立，例如，执行以下操作可测试目录/media/cdrom 是否存在，如果返回值$?为 0，表示存在此目录，否则表示不存在，或者虽然存在但不是目录。

```
root@ICICOS:~$ [ -d /media/cdrom ]
root@ICICOS:~$ echo $?                //查看前一命令的返回值
0                                     //返回 0 表示条件成立
```

若测试的条件不成立，则测试操作的返回值不为 0，（通常为 1）。例如，执行以下操作展示了测试不存在目录的情况。

```
root@ICICOS:~$ [ -d /media/Server ]
root@ICICOS:~$ echo $?                //查看前一命令的返回值
1                                     //返回 1 表示条件不成立
```

通过查看"$?"变量的值可以判断前一步的条件测试结果，但是操作比较烦琐，输出结果也不是很直观。为了更直观地查看测试结果，可以结合命令分隔符"&&"和 echo 命令一起使用，当条件成立时直接输出"YES"。其中，"&&"符号表示"而且"的关系，只有当前面的命令执行成功后才会执行后面的命令，否则后面的命令将会被忽略。例如，上述目录测试操作可以改写如下。

```
root@ICICOS:~$ [ -d /media/cdrom/Server ] && echo  " YES "
                                      //无输出表示该目录不存在
root@ICICOS:~$ [ -d /media/cdrom ] && echo  " YES "
YES                                   //输出"YES"表示该目录存在
```

2. 整数值比较

整数值比较指的是根据给定的两个整数值，判断第一个数与第二个数的关系，如是否大于等于、小于第 2 个数。整数值比较的常用操作选项如下，使用时将操作选项放在要比较的两个整数之间。

-eq：第一个数等于（Equal）第二个数。

-ne：第一个数不等于（Not Equal）第二个数。

-gt：第一个数大于（Greater Than）第二个数。

-lt：第一个数小于（Lesser Than）第二个数。

-le：第一个数小于或等于（Lesser of Equal）第二个数。

-ge：第一个数大于或等于（Greater of Equal）第二个数。

整数值比较在 Shell 脚本编写中的应用较多。例如，用来判断已登录用户数量、开启进程数、磁盘使用率是否超标，以及软件版本号是否符合要求等。实际使用时，往往会通过变量引用，命令替换等方式来获取一个数值。

例如，若要判断当前已登录的用户数，当超过五个时输出"Too many."可以执行以下操作，其中，已登录用户数可通过"who | wc -l"，命令获得，以命令替换方式嵌入。

```
root@ICICOS:~$ who | wc -l          //查看当前已登录用户数
root@ICICOS:~$ [ $(who | wc -l) -gt 2 ] && echo "Too many." //测试结果（大于 2）
Too many.
```

再例如，如要判断当前可用的空闲内存（buffers/cache）大小，当低于 1024 MB 时输出具体数值，可以执行以下操作。其中，"free -m"命令表示以 MB 为单位输出内存信息，提取的空闲内存数值通过命令替换赋值给变量 FreeCC。

```
root@ICICOS:~$ FreeCC=$(free -m | grep "cache:" | awk '{print $4}')
root@ICICOS:~$    [ $FreeCC -lt 1024 ] && echo ${FreeCC}MB
689MB
```

3．字符串比较

字符串比较常用来检查用户输入、系统环境等是否满足条件，在提供交互式操作的 Shell 脚本中，也可用于判断用户输入的位置参数是否符合要求，字符串比较的常用操作选项如下。

=：第一个字符串与第二个字符串相同。

！=：第一个字符串与第二个字符串不相同，其中，"！"符号表示取反。

-z：检查字符是否为空（Zero），对于未定义或赋予空值的变量将视为空串。

例如，若要判断当前系统的语言环境，当发现不是"en.US"时输出提示信息"Not en.US"可以执行以下操作。

```
root@ICICOS:~$echo $LANG              //查看当前的语言环境
zh_CN.UTF-8
root@ICICOS:~$[ $LANG !=   "en.US" ] && echo   "Not en.US"
                                     //字符串测试结果（不等于）
Not en .US
```

再例如，在 Shell 脚本应用中，经常需要用户输入"yes"或"no"来确认某个任务。以下操作展示了确认交互的简单过程，当然，实际使用时还会根据变量"ACK"的取值分别执行进一步的操作。

```
root@ICICOS:~$ read -p "是否覆盖现有文件（yes/no）？"   ACK
是否覆盖现有文件（yes/no）? yes
root@ICICOS: ~$[ $ACK = "yes" ] && echo "覆盖"
覆盖
root@ICICOS: ~$read -p "是否覆盖现有文件（yes/no）?"   ACK
是否覆盖现有文件（yes/no)?no
root@ICICOS: ~$[ $ACK = "yes" ] && echo "不覆盖"
不覆盖
```

4．逻辑测试

逻辑测试指的是判断两个或多个条件之间的依赖关系，当系统任务取决于多个不同的条件时，根据这些文件是否同时成立或者只要有其中一个成立等情况，需要有一个测试的过程。常用的逻辑测试操作如下，使用时放在不同的测试语句或命令之间。

&&：逻辑与，表示"而且"，只有当前后两个条件都成立时，整个测试命令的返回值才为 0（结果成立）。使用 Test 命令测试时，"&&"可改为"-a"。

‖：逻辑或，表示"或者"，只有前后两个条件有一个成立，整个测试命令的返回值即为 0（结果成立），使用 Test 命令测试时，"‖"可改为"-o"。

！：逻辑否，表示"不"，只有当指定的条件不成立时，整个测试命令的返回值才为 0（结果成立）。

在上述逻辑测试的操作选项中，"&&"和"‖"通常也用于间隔不同的命令操作，其作用是相似的，实际上此前已经接触过"&&"操作的应用，如"make && make install"的编译安装操作。

例如，如要判断当前用户是否为 teacher。

```
root@ICICOS: ~$echo $USER
root
root@ICICOS:~$ [ $USER != "teacher" ]    &&    echo "Not teacher"
Not teacher
```

12.2　使用 if 条件语句

通过上一节中的条件测试操作，实际上使用"&&"和"‖"逻辑测试可以完成简单的判断并执行相应的操作，但是当需要选择执行的命令语句较多时，这种方式将使执行代码显得很复杂，不好理解，而使用专用的 if 条件语句，可以更好地整理脚本结构，使得层次分明，清晰易懂。

12.2.1　if 语句的结构

在 Shell 脚本应用中，if 语句是最为常见的一种流程控制方式，用来根据特定的条件测试结果，分别执行不同的操作（如果……那么……），根据不同的复杂程度，if 语句的选择结构可以分为 3 种基本类型，适用于不同的应用场合。

1．单分支的 if 语句

if 语句的"分支"指的是不同测试结果所对应的执行语句（一条或多条）；对于单分支的选择结构，只有在"条件成立"时才会执行相应的代码，否则不执行任何的操作，单分支 if 语句的语法格式如下所示。

```
If 条件测试操作
then
命令并列
fi
```

在上述语句结构中，条件测试操作即"[条件表达式]"语句，也可以是其他可执行的命令语句，命令序列指的是一条或多条可执行的命令行，也包括嵌套使用的 if 语句或其他流程控制语句。

单分支 if 语句的执行流程：首先判断条件测试操作的结果，如果返回值为 0，表示条件成立，则执行 then 后面的命令序列，一直到遇到 fi 结束判断为止，继续执行其他脚本代码，如果返回值不为 0，则忽略后面的命令序列，直接跳至 fi 行以后执行其他脚本代码，如图 12-1

所示。

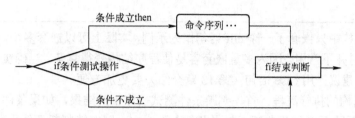

图 12-1　单分支的 if 语句结构

2. 双分支的 if 语句

对于双分支的选择结构，要求针对"条件成立""条件不成立"两种情况分别执行不同的操作。双分支 if 语句的语法格式如下所示。

```
if 判断条件
then
命令序列 1
else
   命令序列 2
fi
```

双分支 if 语句的执行流程：首先判断条件测试操作的结果，如果条件成立，则执行 then 后面的命令序列 1，忽略 else 及后面的命令序列 2，直至遇见 fi 结束判断；如果条件不成立，则忽略 then 及后面的命令序列 1，直接跳至 else 后面的命令序列 2 并执行。直到遇见 fi 结束判断，如图 12-2 所示。

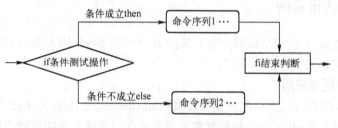

图 12-2　双分支的 if 语句结构

3. 多分支的 if 语句

由于 if 语句可以根据测试结果的成立、不成立分别执行操作，所以能够嵌套使用，进行多次判断。例如：首先判断某学生的得分是否及格，若及格则再次判断是否高于 90 分等，多分支 if 语句的语法格式如下：

```
if 条件测试操作 1
then
 命令序列 1
elif 条件测试操作 2
then
 命令序列 2
else
```

```
    命令序列 3
    fi
```

上述语句结构中只嵌套了一个 elif 语句作为示例，实际上可以嵌套多个，if 语句的嵌套在编写 Shell 脚本时并不常用，因为多重嵌套容易使程序结构变得复杂。当确实需要使用多分支的程序结构时，建议采用 case 语句（第 13 章介绍）要更加方便。

多分支 if 结构的执行流程：首先判断条件测试操作 1 的结果，如果条件 1 成立，则执行命令序列 1，然后跳至 fi 结束判断；如果条件 1 不成立，则继续判断条件测试操作 2 的结果，如果条件 2 成立，则执行命令序列 2，然后跳至 fi 结束判断……如果所有的条件都不满足，则执行 else 后面的命令序列 n，直到遇见 fi 结束判断，如图 12-3 所示。

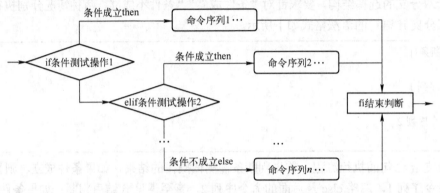

图 12-3　多分支的 if 语句结构

12.2.2　if 语句应用示例

为了进一步理解 if 语句结构和流程，掌握 if 语句在 Shell 脚本中的实际使用，下面针对不同分支的 if 语句讲解几个脚本实例。

1．单分支 if 语句应用

很多 ICICOS 用户习惯上将光盘设备挂载在/media/cdrom 目录下，但系统中默认并没有建立此目录。若需要在 Shell 脚本中执行挂载光盘的操作，建议先判断挂载点目录是否存在，若不存在则新建此目录。

```
root@ICICOS: ~$vim chkmountdir.sh
#!/bin/bash
MOUNT_DIR="/media/cdrom/"
if [ ! -d $MOUNT_DIR ]
then
mkdir -p $MOUNT_DIR
fi
loongson@ICICOS: ~$chmod +x chkmountdir.sh
loongson@ICICOS:~$ ./chkmountdir.sh
```

2．双分支 if 语句应用

双分支 if 语句只是在单分支的基础上针对"条件不成立"的情况执行另一种操作，而不是"坐视不管"地不执行任何操作。例如，若要编写一个连通性测试脚本 pinghost.sh，通过位置参数$1 提供目标主机地址，然后根据 ping 检测结果给出相应的提示，可以参考以下操作过程。

```
root@ICICOS:~$ vim pinghost.sh
#!/bin/bash
ping -c 3 -i 0.2 -W 3 $1 &> /dev/null          //检查目标主机是否能连通
if [ $? -eq 0 ]                                 //判断前一条命令的返回状态
then
    echo "Host $1 is up."
else
    echo "Host $1 is down."
fi
root@ICICOS:~$ chmod +x pinghost.sh
```

在上述脚本代码中，为了提高 ping 命令的测试效率，使用了"-c""-i""-W"选项，分别指定只发送三个测试包、间隔 0.2 s、超时时间为 3 s。另外，通过"&> /dev/null"屏蔽了 ping 命令执行过程的输出信息，执行 pinghost.sh 脚本的效果如下所示。

```
root@ICICOS: ~$./pinghost.sh 192.168.4.11          //测试已开启的主机
host 192.168.4.11 is up.
root@ICICOS:~$ ./pinghost.sh 192.168.4.13          //测试已关闭的主机
Host 192.168.4.13 is down.
```

再例如，通过 Shell 脚本检查 vsftpd 服务是否运行，如果已经运行则列出其监听地址、PID 号，否则输出提示"警告：vsftpd 服务不可用"。其中，pgrep 命令的"-x"选项表示查找时使用精确匹配。

```
root@ICICOS: ~$vim chkftpd.sh
#!/bin/bash
/etc/init.d/vaftpd status &> /dev/null
if [ $? -eq 0 ]
then
    echo "监听地址: $(netstat -anpt | grep vsftpd | awk '{print $4}')"
    echo "进程 PID 号: $(pgrep -x vsftpd)"
else
    echo "警告：vsftpd 服务不可用"
fi
root@ICICOS:~$ chmod +x chkftpd.sh
```

执行 chkftpd.sh 脚本的效果如下所示。

```
root@ICICOS: ~$./chkftpd.sh             // 未启动 vsftpd 时的结果
echo：警告：vsftpd 服务不可用！
root@ICICOS:~$/etc/init.d/vsftpd start
为 vsftpd 启动 vsftpd:                              [确定]
root@ICICOS:~$ ./chkftpd.sh             //已启动 vsftpd 时的结果
监听地址：0.0.0.0：21
```

进程 PID 号：10335

3. 多分支 if 语句应用

与单分支、双分支的 if 语句相比，多分支 if 语句的实际应用并不多见。这种结构能够根据多个互斥的条件分别执行不同的操作，实际上等同于嵌套使用的 if 语句。例如，若要编写一个成绩分档的脚本 gradediv.sh，根据输入的考试分数不同区分优秀、合格、不合格三档，可参考以下操作过程。

```
root@ICICOS: ~$vim gradediv.sh
#!/bin/bash
read -p "请输入您的分数（0-100）: " grade
if [ $grade -ge 85 ] && [ $grade -le 100 ]          //85～100 分：优秀
then
   echo "$grade 分！优秀"
elif [ $grade -ge 70 ] && [ $grade -le 84  ]        //70～84 分：合格
then
   echo "$grade 分！合格"
else
   echo "$grade 分？不合格"                          //其他分数：不合格
fi
root@ICICOS:~$ chmod +x gradediv.sh
```

执行 gradediv.sh 脚本的效果如下所示。

```
root@ICICOS: ~$./gradediv.sh
请输入您的分数（0-100）: 67
67 分？不合格
root@ICICOS:~$./gradediv.sh
请输入您的分数（0-100）: 78
78 分，合格
root@ICICOS:~$./gradediv.sh
请输入您的分数（0-100）: 89
89 分！优秀
```

12.3　实验案例：使用 Shell 脚本监控主机

1. 实验环境

某公司随着业务的不断拓展，所使用的 ICICOS 服务器也越来越多，管理员希望编写一个简单的性能监控脚本，放到各服务器中，当监控指标出现异常时发送告警邮件。

2. 需求描述

① 编写名为 sysmon.sh 的 Shell 监控脚本。
② 监控内容包括 CPU 使用率、内存使用率、根分区的磁盘占用率。
③ 百分比只需要精确到个位，如 7%、12%、23%等。
④ 出现以下任一情况时告警：磁盘占用率超过 90%、CPU 使用率超过 80%、内存使用率超过 90%。

⑤ 结合 crond 服务，每半小时执行一次监控脚本。

3．推荐步骤

步骤 1：编写 sysmon.sh 脚本

① 使用 df 命令提取出根分区的磁盘占用率，赋值给变量 DUG。

```
root@ICICOS:~$df -h | grep "/$" | awk '{print $5}' | awk -F% '{print $1}'
7
```

② 使用 mpstat 命令提取 CPU 使用率（需安装 sysstat 软件包），赋值给变量 CUG。

```
root@ICICOS:~$CUG='mpstat | grep 'all'|awk '{print $3}"
root@ICICOS:~$echo $CUG
7.03
```

③ 使用 free 命令提取出内存使用率，赋值给变量 MUG。

```
root@ICICOS:~$MUG='free -m|grep 'Mem'|awk '{print $3}"
root@ICICOS:~$echo $MUG
91
```

步骤 2：测试 sysmon.sh 脚本的执行情况

如果脚本出错，需要及时进行调试，直至成功运行为止。

步骤 3：设置 crontab 计划任务

① 确认系统服务 crond 已经运行。

② 添加 crontab 计划任务配置，每半小时执行一次 sysmon.sh 脚本程序。

12.4　本章总结

使用[ ]或 test 命令可以执行条件测试操作，包括字符串和整数的比较，逻辑测试和文件测试等。

整数比较操作符包括 -gt（大于）、-ge（大于等于）、-eq（等于）、-lt（小于）、-le（小于等于）、-ne（不等于）。

常用的字符串比较操作符包括 =（相同）、! =（不同）、-z（为空）。

逻辑测试操作符包括 &&（与）、||（或）、!（非）。

执行命令或程序后会返回一个状态值，若返回值为 0，表示执行成功，若不为 0，则表示执行失败或出现异常。

通过使用 if 语句，可以根据条件有选择地执行不同操作，选择类型包括单分支、双分支、多分支。

12.5　章节自测

一、选择题

1．执行特定的条件操作测试时，可以使用（　　）形式。

　　A．test 条件表达式

B．[条件表达式]

C．$(条件表达式)

D．{条件表达式}

2．需要比较两个整数的大小时，操作符（　　）表示"大于或等于"。

A．-gt

B．-le

C．-ge

D．>=

3．需要对多个条件进行逻辑测试时，操作符（　　）表示"逻辑与"，"而且"。

A．-a

B．-o

C．&&

D．||

4．在 if 语句结构中，使用（　　）表示条件语句结束。

A．end

B．done

C．fi

D．EOF

5．使用多分支 if 语句结构时，需要使用（　　）来判断其条件。

A．if

B．else

C．elif

D．else if

二、简答题

1．简述用于整数值比较的常用操作符及其含义。

2．简述逻辑测试的常用操作及其含义。

3．简述单分支、双分支 if 语句的执行流程。

三、操作题

编写一个名为 chkversion.sh 的脚本，判断当前系统的内核主次版本，若大于 2.4 则输出相应的版本信息，否则输出提示"内核版本太低，无法继续"。

第 13 章　Shell 脚本综合应用

学习目标

除了第 12 章学习的 if 条件语句之外，作为一种脚本编程语言，Shell 同样包含循环、分支等其他程序控制结构，从而能够轻松完成更加复杂、强大的功能。

本章将学习 for、while、case 语句的具体应用。

本章重点

■ for、while 循环语句

■ case 分支语句

13.1　使用 for 循环语句

在实际工作中，经常会遇到某项任务需要多次执行的情况，而每次执行时仅仅是处理的对象不一样，其他命令相同。例如，根据通讯录中的姓名列表创建系统账号，根据服务器清单检查各主机的存活状态，根据 IP 地址黑名单设置拒绝访问的防火墙策略等。

当面对各种列表重复任务时，使用简单的 if 语句已经难以满足要求，而顺序编写全部代码更是显得异常烦琐，困难重重。本节将要学习的 for 循环语句，可以很好地解决类似问题。

13.1.1　for 语句的结构

使用 for 循环语句时，需要指定一个变量及可能的取值列表，针对每一个不同的取值重复执行相同的命令序列，直到变量值用完退出循环。在这里，"取值列表"称为 for 语句的执行条件，其中包括多个属性相同的对象，需要预先指定（如通讯录、IP 黑名单）。

for 循环语句的语法结构如下所示。

```
for 变量名 in 取值列表
do
    命令序列
Done
```

上述语句结构中，for 语句的操作对象为用户指定名称的变量，并通过 in 关键字为该变量预先设置了一个取值列表，多个取值之间以空格进行分隔。位于 do…done 之间的命令序列称为"循环体"，其中的执行语句需要引用变量以完成相应的任务。

for 语句的执行流程为：首先将列表中的第 1 个取值赋给变量，并执行 do…done 循环体中的命令序列；然后将列表中的第 2 个取值赋给变量，并执行循环体中的命令序列……以此类推，直到列表中的所有取值用完，最后将跳至 done 语句，表示结束循环，如图 13-1 所示。

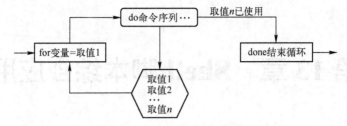

图 13-1　for 循环语句的结构

13.1.2　for 语句应用示例

为了进一步理解 for 语句的结构和流程，掌握 for 语句在脚本中实际使用，下面依次介绍两个脚本实例。

1. 根据姓名列表批量添加用户

根据人事部门给出的员工姓名的拼音列表，在 ICICOS 服务器中添加相应的用户账号，初始密码均设置为"123456"。其中，员工姓名列表中的账号数量并不固定，而且除了要求账号名称是拼音之外，并无其他特殊规律。

针对上述要求，可先指定员工列表文件 users.txt，然后编写一个名为 uaddfor.sh 的 Shell 脚本，从 users.txt 文件中读取各用户名称，重复执行添加用户、设置初始密码的相关操作。

```
root@ICICOS:~$vi /root/users.txt              //用作测试的列表文件
chenye
dengchao
zhangjie
root@ICICOS:~$vi uaddfor.sh                   //批量添加用户的脚本
#! /bin/bash
ULIST=$(cat /root/users.txt)
for UNAME in $ULIST                           //从列表文件中读取用户名
do
    useradd $UNAME
    echo "123456" | passwd --stdin $UNAME &>/dev/null   //通过管道指定密码字符串
done
root@ICICOS:~$chmod +x uaddfor.sh
root@ICICOS:~$./uaddfor.sh                    //测试并确认执行结果
root@ICICOS:~$tail -3 /etc/passwd
chenye:x:1011:1011:: /home/chenye: /bin/bash
dengchao:x:1012:1012:: /home/dengchao: /bin/bash
zhangjie:x:1013:1013:: /home/zhangjie: /bin/bash
```

若要删除 uaddfor.sh 脚本所添加的用户，只需参考上述脚本代码，将 for 循环体中添加用户的命令序列改为删除用户的操作即可。例如，建立一个名为 udelfor.sh 的脚本如下所示。

```
root@ICICOS:~$vi udelfor.sh                   //批量删除用户的脚本
#! /bin/bash
ULIST=$(cat /root/users.txt)
for UNAME in $ULIST
```

```
do
    userdel -r $ UNAME &>/dev/null
done
root@ICICOS:~$chmod +x udelfor.sh
root@ICICOS:~$./udelfor.sh                 //测试并确认执行结果
root@ICICOS:~$id chenye
id: chenye:无此用户
```

2. 根据 IP 地址列表检查主机状态

根据包含公司各服务器 IP 地址的列表文件，检查其中各主机的 ping 连通性（测试方法可参考第 12 章中的 pinghost.sh 脚本），输出各主机是否启动、关闭。其中，服务器的数量并不固定，各服务器的 IP 地址之间也无特殊规律。

针对此案例要求，可先指定 IP 地址列表文件 ipadds.txt，然后编写一个名为 chkhosts.sh 的 Shell 脚本，从 ipadds.txt 文件中读取各服务器的 IP 地址，重复执行 ping 连通性测试，并根据测试结果输出相应的提示信息。

```
root@ICICOS:~$vi /root/ipadds.txt    //用作测试的列表文件
192.168.4.11
192.168.202.110
192.168.4.120
root@ICICOS:~$vi chkhosts.sh     //循环检查各主机的脚本
#！/bin/bash
HLIST=$(cat /root/ipadds.txt)    //从列表文件中读取 IP 地址
for IP in $HLIST
do
    ping -c 3 -i 0.2 -w 3 $IP &> /dev/null
    if [ $? -eq 0 ]
    then
        echo "Host $IP is up. "
    else
        echo "Host $IP is down."    //嵌套 if 语句判断连通性
    fi
done
root@ICICOS:~$chmod +x chkhosts.sh
root@ICICOS:~$./chkhosts.sh   //测试并确认执行结果
Host 192.168.4.11 is up.
Host 192.168.202.110 is down.
Host 192.168.4.120 is up.
```

上述脚本代码中，do…done 循环体内使用了 if 条件选择语句，以针对不同 IP 地址的测试结果进行判断，并输出相应的提示信息。实际上，if 语句、for 语句及其他各种 Shell 脚本语句，都是可以嵌套使用的，后续不再重复说明。

13.2 使用 while 循环语句

for 循环语句非常适用于列表对象无规律，且列表来源已固定（如某个列表文件）的场合。

而对于要求控制循环次数、操作对象按数字顺序编号，按特定条件执行重复操作等情况，则更适合使用另外一种循环——while 语句。

13.2.1　while 语句的结构

使用 while 循环语句时，可以根据特定的条件反复执行一个命令序列，直到该条件不再满足为止。在脚本应用中，应该避免出现死循环的情况，否则后边的命令操作将无法执行。因此，循环体内的命令序列中应包括修改测试条件的语句，以便在适当的时候使测试条件不再成立，而结束循环。

while 循环语句的语法结构如下所示。

```
while 条件测试操作
do
    命令序列
Done
```

while 语句的执行流程：首先判断 while 后的条件测试操作结果，如果条件成立，则执行 do…done 循环体中的命令序列；返回 while 后再次判断条件测试结果，如果条件仍然成立，则继续执行循环体；再次返回到 while 后，判断条件测试结果……如此循环，直到 while 后的条件测试不再成立为止，最后跳转到 done 语句，表示结束循环，如图 13-2 所示。

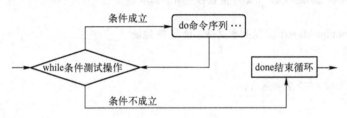

图 13-2　while 循环语句的结构

使用 while 循环语句时，有两个特殊的条件测试操作，即 true（真）和 false（假）。使用 true 作为条件时，表示条件永远成立。循环体内的命令序列将无限执行下去。除非强制终止脚本（或通过 exit 语句退出脚本）；反之，若使用 false 作为条件，则循环体将不会被执行。这两个特殊条件也可以用在 if 语句的条件测试中。

13.2.2　while 语句应用示例

为了进一步理解 while 语句的结构和流程，掌握 while 语句在脚本中的实际使用，下面依次介绍两个脚本实例。

1．批量添加规律编号的用户

在一些技术培训和学习领域，出于实验或测试的目的，需要批量添加用户账号。这些用户的名称中包含固定的前缀字符串，并按照数字顺序依次进行编号，账号的数量往往也是固定的。例如，若要添加 20 个用户，名称依次为 stu1，stu2，…，stu20，可以参考以下操作。

```
root@ICICOS:~$vi uaddwhile.sh          //批量添加用户的脚本
```

```
#! /bin/bash
PREFIX="stu"
i=1
while [$i -le 20]                                    //循环条件：序号<=20
do
    useradd ${ PREFIX }$i
    echo "123456" | passwd -stdin ${ PREFIX}$i &> /dev/null
    let i++                                          //序号递增，避免死循环
root@ICICOS:~$chmod +x uaddwhile.sh
```

上述脚本代码中，使用变量 i 来控制用户名称的编号，初始赋值为 1，并且当取值大于 20 时终止循环。在循环体内部，通过语句 "let i++"（等同于 i='expr $i + 1'）来使变量 i 的值增加 1，因此当执行第 1 次循环后 i 的值将变为 2，执行第 2 次循环后 i 的值将变为 3，…，以此类推。

测试并确认 uaddwhile.sh 脚本的执行结果如下所示。

```
root@ICICOS:~$./uaddwhile.sh
root@ICICOS:~$grep "stu" /etc/passwd | tail -3
stu18:x:1028:1028::/home/stu18:/bin/bash
stu19:x:1029:1029::/home/stu19:/bin/bash.
stu20:x:1030:1030::/home/stu20:/bin/bash
```

若要删除 uaddwhile.sh 脚本所添加的用户，只需参考上述脚本代码，将 while 循环体中添加用户的命令序列改为删除用户的操作即可。

```
root@ICICOS:~$vi udelwhile.sh                       //批量删除用户的脚本
#! /bin/bash
PREFIX="stu"
i=1
while [$i -le 20]
do
    userdel -r ${ PREFIX}$i
    let i++
done
root@ICICOS:~$chmod +x udelwhile.sh
root@ICICOS:~$./udelwhile.sh                        //测试并确认执行结果
root@ICICOS:~$id stu20
id stu20:无此用户
```

2．猜价格游戏

在某电视节目中，有一个猜价格的互动环节，要求参与者在最短的时间内猜出展示商品的实际价格，当所猜的价格高出或低于实际价格时，主持人会给出相应的提示。下面以此环节为原型，编写一个猜价格的 Shell 脚本。

案例要求如下：由脚本预先生成一个随机的价格数目（0～999）作为实际价格，判断用户猜测的价格是否高出或低于实际价格，给出相应提示后再次要求用户猜测；一直到用户猜中实际价格为止，输出用户共猜测的次数、实际价格。

　　针对上述要求，主要设计思路如下：通过环境变量 RANDOM 可获得一个小于 2 的十六次方的随机整数。计算其与 1 000 的余数即可获得 0~999 的随机价格；反复猜测操作可以通过以 true 作为测试条件的 while 循环实现，当用户猜中实际价格时终止循环；判断猜测价格与实际价格的过程采用 if 语句实现，嵌套在 while 循环体内；使用变量来记录猜测次数。

```
root@ICICOS:~$vi pricegame.sh
#! /bin/bash
PRICE=$(expr $RANDOM % 1000)
TIMES=0
echo "商品实际价格范围为 0~999，猜猜看是多少？"
while true   //循环条件：true
do
    read -p "请输入你猜测的价格数目："" INT   //提示猜测并记录次数
    let TIMES++
    if [ $INT-eq $PRICE ] ; then
        echo "恭喜你答对了，实际价格是$PRICE"
        echo "你总共猜测了$TIMES 次"
        echo 0   //若猜中则退出脚本
    elif [$INT -gt $PRICE ] ; then
        echo "太高了！"
    else
        echo "太低了！"   //与实际价格比较，给出提示
    fi
done
root@ICICOS:~$chmod +x pricegame.sh
```

13.3　使用 case 分支语句

　　第 12 章学习多分支的 if 语句时，曾经提到过改用 case 语句可以使脚本程序的结构更加清晰、层次分明，本节就来学习 case 语句的语法结构及应用。

13.3.1　case 语句的结构

　　case 语句主要适用于以下情况：某个变量存在多种取值，需要对其中的每一种取值分别执行不同的命令序列。这种情况与多分支的 if 语句非常相似，只不过 if 语句需要判断多个不同的条件，而 case 语句只是判断一个变量的不同取值。

　　case 分支语句的语法结构如下所示。

```
case 变量值 in
模式 1)
    命令序列 1
    ;;
模式 2)
    命令序列 2
    ;;
```

```
    …
*)
    默认命令序列
esac
```

在上述语句结构中，关键字 case 后面跟的是"变量值"，即"$变量名"，这点需要与 for 循环语句的结构加以区别，整个分支结构包括在 case…esac 之间，中间的模式 1、模式 2、……、*对应为变量的不同取值（程序期望的取值），其中*最为通配符，可匹配任意值。

Case 语句的执行流程，首先使用"变量值"与模式 1 进行比较，若取值相同则执行模式 1 后的命令序列，直到遇见双分号";;"后跳转 esac，表示结束分支；若与模式 1 不相匹配，则继续与模式 2 进行比较，若取值相同则执行模式 2 后的命令序列，直到遇见双分号";;"后跳转至 easc，表示结束分支，……以此类推，若找不到任何配置，则执行默认模式"*)"后的命令序列；直到遇见 esac 后结束分支，如图 13-3 所示。

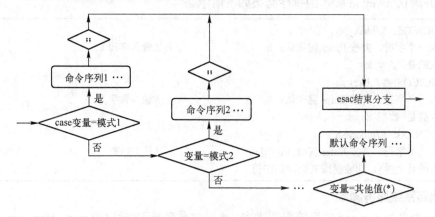

图 13-3　case 分支语句的结构

使用 case 分支语句时，有几个值得注意的特点如下所述。
- Case 行尾必须为单词"in"，每一模式必须以右括号")"结束。
- 双分号";;"表示命令序列的结束。
- 模式字符串中，可以用方括号表示一个连续的范围，如"【0-9】"；还可以用竖干符号"|"表示或，如"A|B"。
- 最后的"*)"表示默认模式，其中*相当于通配符。

13.3.2　case 语句应用示例

为了进一步理解 case 语句的结构和流程，掌握 case 语句在脚本中的实际使用，下面依次介绍两个脚本实例。

1．检查用户输入的字符类型

提示用户从键盘输入一个字符，通过 case 语句判断该字符是否为字母、数字或者其他字符，并给出相应的提示信息。

```
root@ICICOS:~$vi　hitkey.sh
```

```
#! /bin/bash
read -p "请输入一个字符，并按 Enter 键确认： " KEY
case   $KEY  in
  [a-z]|[A-Z] )                                      //匹配任意字母
      echo "您输入的是 字母。"
      ;;
  [0-9] )                                            //匹配任意数字
      echo "您输入的是 数字。"
      ;;
  * )                                                //默认模式，匹配任意字符
      echo "您输入的是 空格、功能键或其他控制字符。"
esac
root@ICICOS:~$chmod +x hitkey.sh
```

测试并确认 hikey.sh 脚本的执行结果如下所示。

```
root@ICICOS:~$./hitkey.sh
请输入一个字符，并按 Enter 键确认：k              //输入字母 k
您输入的是 字母 k。
root@ICICOS:~$./hitkey.sh
请输入一个字符，并按 Enter 键确认：8              //输入数字 8
您输入的是 数字 8。
root@ICICOS:~$./hitkey.sh
请输入一个字符，并按 Enter 键确认：^[[19~          //按 F8 键
您输入的是 空格、功能键或其他控制字符。
```

2. 编写系统服务脚本

编写一个名为 myprog 的系统服务脚本，通过位置变量 s1 指定的 start、stop、restart、status 控制参数，分别用来启动、停止、重启 sleep 进程，以及查看 sleep 进程的状态，其中，命令 sleep 用来暂停指定秒数的时间，这里仅用作测试，在实际运维工作中应将 sleep 改为相应后台服务的控制命令序列。

```
root@ICICOS:~$vi myprog.sh
#!/bin/bash
case "$1" in
start)
    echo -n "正在启动 sleep 服务…"
    if sleep 7200 &
then                                               //在后台启动 sleep 进程
    echo "OK"
    fi
    ;;
stop)
    echo -n "正在停止 sleep 服务…"
      pkill "sleep"& > /dev/null
echo "OK"                                           //杀死 sleep 进程
    ;;
```

```
status)
    if pgrep "sleep" &>/dev/null ; then          //判断并提示 sleep 进程状态
        echo "sleep 服务已经启动。"
    else
        echo "sleep 服务已经停止。"
    fi
    ;;
restart)                                         //先停止、再启动服务
    $0 stop
    $0 start
;;
*)                                               //默认显示用法信息
    echo "用法: $0 {start|stop|restart}"
esac
root@ICICOS:~$chmod +x myprog
```

测试并确认 myprog 脚本的执行结果如下所示。

```
root@ICICOS:~$./myprog.sh start
正在启动 sleep 服务 ... OK
root@ICICOS:~$./myprog.sh status
Sleep 服务已经启动。
root@ICICOS:~$./myprog.sh    stop
正在停止 sleep 服务 ... OK
用法: ./myprog {start|stop|restart}
root@ICICOS:~$./myprog.sh reload          //未提供此参数，按默认处理
用法：./myprog {start|stop|status|restart}
```

在 ICICOS 中，./etc/rc.d/init.d 目录下绝大多数的系统服务脚本使用了 case 分支语句。平时控制各种系统服务时，提供的 start、stop、restart 等位置参数，正是由 case 语句结构来识别并完成相应操作的。有兴趣的读者可自行查阅这些脚本内容。

当然，若要将 myprog 服务交给 chkconfig 来管理，还需要添加相应的识别配置，并将 myprog 脚本复制到/etc/init.d 目录下，然后执行"chkconfig -add myprog"命令，添加为标准的系统服务。

```
root@ICICOS:~$vi myprog
#!/bin/bash
#chkconfig: -90 10
#description: Startup script for sleep Server
Case "$1" in
Start)
…                                                //省略部分内容
root@ICICOS:~$cp myporg /etc/init.d
root@ICICOS:~$chkconfig --add myprog
root@ICICOS:~$chkconfig --list myprog
myprog      0:关闭   1:关闭   2:关闭   3:关闭   4:关闭   5:关闭   6:关闭
```

13.4　实验案例：**Shell** 脚本应用实战

1．实验环境

随着业务的不断发展，某公司所使用的 ICICOS 服务器也越来越多，在系统管理和维护过程中，经常需要编写一些实用的脚本，以辅助运维工作，提高工作效率。

2．需求描述

（1）编写一个名为 getarp.sh 的小脚本，记录局域网中个主机的 MAC 地址。

① 保存到/etc/ether 文件中，若此文件已存在，应先转移进行备份。

② 每行一条记录，第 1 列为 ip 地址，第 2 列为对应的 mac 地址。

（2）编写一个名为 scanhost.sh 的扫描脚本，检查有哪些主机开启了匿名 FTP 服务，扫描对象为/etc/ether 文件中的所有 ip 地址，扫描的端口为 21。

3．推荐步骤

步骤 1：编写 getarp.sh 脚本文件

① 通过 arping 命令发送 ARP 请求，根据反馈结果记录 mac 地址。

② 将网段地址（如 192.168.4.）赋值给变量 NADD，作为检测地址前缀。

③ 使用 while 循环语句，重复检测目标并记录 mac 地址，主机地址为 1~254。

提示：

```
root@ICICOS:~$arping -c 2 -w 1 192.168.202.110
ARPING 192.168.202.110 from 192.168.4.11 eth0
Unicast reply from 192.168.202.110 (00：50：56：C0：00：01)　0,864ms
root@ICICOS:~$echo $?
0
root@ICICOS:~$arp -n | grep "192.168.202.110" //查看并检索 mac 地址
192.168.202.110　ether 00：50：56：C0：00：01 C eth0
91
```

上述命令操作中，arping 命令用来发送 mac 地址解析请求，若成功获得反馈，则命令返回状态为 0，否则为 1，其中"-c"选项用来指定测试包的个数。"-w"选项用来指定超时等待的实际（秒）。

步骤 2：编写 scanhost.sh 脚本

① 有很多方法可以检测一个主机是否开启匿名 FTP 服务，这里采取 wget 下载工具访问根目录的方式，若能成功列表，则视为匿名 FTP 已开启，否则视为关闭。

② 通过 awk 命令过滤出/etc/ether 文件中的所有 ip 地址，赋值给变量 target。

③ 使用 for 循环语句，读取 target 变量中的 ip 地址，重复探测 FTP 的开启情况。

提示

```
root@ICICOS:~$wget ftp://192.168.4.12/
--2020-05-06 07:40:29—ftp://192.168.4.12/
    >='。Listing'
Connecting to 192.168.4.12:21… 失败：没有到主机路由
root@ICICOS:~$echo $?         //返回非 0 值表示未开启匿名 FTP 服务
```

13.5　本章总结

for 语句可根据已知的列表对象重复执行命令序列，更适合无规律的循环操作。

while 语句可根据特定的条件重复执行命令序列，更适合有规律的循环操作。

case 语句可根据变量的不同取值执行不同的命令序列，比多分支的 if 语句结构更加清晰。

在 ICICOS 中，服务器脚本都使用 case 分支结构，以便通过 start、stop、restart 等位置参数进行控制。

13.6　章节自测

一、选择题

1. 使用 for 循环语句时，变量的多个取值之间应通过（　　）进行分割。

  A. 逗号

  B. 分号

  C. 空格

  D. 双分号

2. 使用 while 循环语句时，若以 true 作为测试条件，则以下说法正确的是（　　）。

  A. 命令序列最多执行 999 次

  B. 命令序列将进入死循环状态

  C. 脚本运行过程中，可以按 Ctrl+C 组合键终止

  D. 在循环体内添加 exit 1 语句可用来退出脚本程序

3. 在 Shell 脚本的（　　）控制语句中，使用关键字"done"表示循环体结束。

  A. if

  B. for

  C. while

  D. case

4. 使用 case 分支语句时，对每一个匹配模式中的命令序列，应使用（　　）表示结束。

  A. ；；

  B. end

  C. done

  D. esac

5. 使用 case 分支语句时，匹配模式"*)"的作用是（　　）。

  A. 表示四则运算中的乘法

  B. 类似于通配符，可以匹配任意变量值

  C. 添加注释性的说明文字

  D. 指定分支的总个数

二、简答题

1．简述 for 循环语句的语法格式，执行流程。

2．简述 while 循环语句的语法格式，执行流程。

3．简述 case 分支语句的语法格式，执行流程。

三、操作题

1．编写一个名为 untarint.sh 的脚本，提示用户输入一个小于 100 的整数，并计算从 1 到该数之间所有整数的和。

2．编写一个名为 unter.sh 的脚本程序，用来解压 ".tar.gz" 或 "tar.bz2" 格式的压缩包文件。要求采用 case 语句，根据文件名后缀来自动选择相应的解压缩选项。

附录 A　章节自测参考答案

第 1 章　ICICOS 的介绍与使用

一、选择题

1. D
2. C
3. D
4. D
5. D

二、简答题

1. ICICOS 的全称和渊源是什么？它与 Linux 有什么样的关系？

答：ICICOS 是工业云智能控制操作系统，是 industrial cloud intelligent control operating system 的英文缩写。它是依托云南省第七批重点工程研究中心建设项目——云南省高校边缘计算网络工程研究中心重点打造的开源"元"操作系统（meta operating system）。

ICICOS 源自 Linux 的内核裁剪，其基本思想是在 Linux 内核的基础上搭建一种面向边缘计算应用场景的开源操作系统，实现人工智能 AI 与工业自动化 IA 开发平台的整合。

2. 相较于 Telnet，试述采用 SSH 登录 Linux 的好处。

答：SSH 是一种网络协议，主要用于客户端与远程主机的安全链接和交互，而 Telnet 仅仅采用明文进行交互，存在安全隐患。

此外 SSH 还具备如下优势：

（1）能够以 Security Copy（SCP）方式进行网络文件的安全传送；

（2）能够设置为公钥、私钥方式的无密码安全自动登录方式；

（3）能够进行端口代理，开辟 SSL 加密隧道，从而实现局域网安全内网穿透。

第 2 章　命令和目录文件管理

一、选择题

1. B
2. B
3. D
4. B
5. C

二、简答题

简述 Vim 编辑器的工作模式。

答：输入模式、命令模式、末行模式。

三、操作题（部分答案）

1．使用 find、wc 命令结合管道操作，统计当前 ICICOS 中共包括多少个目录。

答：wc -l 'find -name *.*'

2．过滤出/etc/postfix/main.cf 文件中除了注释行和空行以外的内容，保存为新文件 /etc/postfix/main.cf.min，统计 main.cf 和 main.cf.min 文件的行数。

答：grep -v "^#" main.cf | grep -v "^$" >> main.cf.min

cat main.cf | wc -l

cat main.cf.min | wc -l

3．使用 tar 命令对/boot、/etc 两个文件夹进行备份，制作成归档压缩包文件 bootetc-bak. tar.bz2，并保存到/obt 目录下。

答：mkdir /obt

cd　/obt

tar -jcvf bootetc-bak.tar.bz2 /boot /etc

4．使用 Vim 编辑器修改/root/.bashrc 配置文件，在最后一行添加"alias vi='/usr/bin/vim'"，以便自动设置 vi 至 Vim 的命令别名。

答：alias vi='/usr/bin/vim

5．使用 Vim 编辑器修改/root/.bashrc，配置文件，在最后一行添加"setterm -background white -foreground black -store".然后切换到第 4 个字符终端 tty4，并以 root 用户登录系统，注意命令行终端的颜色变化。

答：vim /root/.bashrc

sudo chvt 4

Fgconsole

第 3 章　程序安装管理及安全维护

一、选择题

C

二、简答题

1．常见的软件包封装类型有哪些？各有什么特点？

答：rpm 软件包：只能在使用 rpm 机制的 ICICOS/Linux 操作系统中安装。其一般针对特定版本的系统量身定做，依赖性比较强。需要用 rpm 命令来安装。

deb 软件包：只能在使用 DPKG（Debian 包管理器）机制的 ICICOS/Linux 操作系统中安装。

源代码安装包：是程序员开发完成的原始代码，一般被制作成"tar.gz""tar.gz2"等格式的压缩包文件。安装源代码软件包需要使用相应的编译工具，如 ICICOS/Linux 中的 C 语言编译器 gcc。

绿色免安装软件包：这种软件包可以直接包含有编译号的执行程序文件，因此不需要特别安装，只要下载完成后，放到某个目录中即可使用。

2．使用 rpm 命令能够实现哪些较常用的 RPM 包管理功能？

答：使用 rpm 命令可以完成对 RPM 软件包的查询、安装、升级、卸载等管理操作。

3．简述从源代码包编译安装应用程序的基本过程。

答：1．下载并解压文件，2．配置安装路径，3．编译源代码，4．安装。

第 4 章 账号和文件权限管理及安全

一、选择题

1．A

2．BC

3．B

4．B

5．B

二、简答题

1．ICICOS 中包含的用户角色有哪些？各有什么特点？

答：超级用户：root 用户是 ICICOS 中默认的超级用户账号，对本主机拥有至高无上的权限，类似于 Windows 系统中的 Administator 用户，只有当进行系统管理、维护任务时，才建议使用 root 用户登录系统，日常事务处理建议只使用普通用户账号。

普通用户：普通用户账号需要由 root 用户或其他管理员用户创建，拥有的权限受到一定限制，一般只在用户自己的宿主目录中拥有完整权限。

程序用户：在安装 ICICOS 及部分应用程序时，会添加一些特定的低权限用户账号，这些用户一般不允许登录到系统，而仅用于维持系统或某个程序的正常运行，如 bin、daemon、ftp、mail 等。

2．用户账号文件有哪些？初始配置文件有哪些？各自的作用是什么？

答：用户账号文件主要有两个，分别是/etc/passwd，/etc/shadow。前者用于保存用户名称、宿主目录、登录 Shell 等基本信息。后者用于保存用户的密码，账号有效期等信息，在这两个配置文件中，每一行对应一个用户账号，不同的配量项之间使用冒号 ":" 进行分隔。

初始配置文件：/etc/profile 在登录时，操作系统定制用户环境时使用的第一个文件，此文件为系统的每个用户设置环境信息，当用户第一次登录时，该文件被执行。并从/etc/profile.d 目录的配置文件中搜集 Shell 的设置。这个文件一般就是调用/etc/bash.bashrc 文件。

/etc/environment 在登录时操作系统使用的第二个文件，系统在读取你自己的 profile 前，设置环境文件的环境变量。

3．使用 chmod 设置文件或目录权限时，权限模式可以使用哪些表示方法？

答：字符形式和数字形式。r、w、x 权限字符可分别表示为八进制数字 4、2、1，表示一个权限组合需要将数字进行累加。

三、操作题

1．删除系统中的 news、uucp、games、gopher 用户及其宿主目录。

答：userdel -r 用户名称

2．新建文件夹/opt/mydocs，使用 chmod 命令调整此文件夹的权限（或 chown 命令调整归属）以使用户 mike 能够在/opt/mydocs/目录下查看、创建、删除文件。

答：mkdir /opt/mydocs，chmod 755 /opt/mydocs，chown -R mike /opt/mydocs

第 5 章　磁盘分区和文件系统管理

一、选择题
1．B
2．AB
3．A
4．C
5．C

二、简答题
1．fdisk 分区工具中常用的交互式操作指令有哪些？作用分别是什么？

答：m 查看命令列表。

p 查看分区列表

d 删除分区

w 保存退出

n 创建分区

t 修改分区类型

2．使用 fdisk 分区工具时，常见的几种文件系统及各自的 ID 号分别是什么？

答：最常用的 EXT4，Swap 文件系统的 ID 号分别为 83/82，而用于 Windows 中的 NTFS 文件系统的 ID 号一般为 86。

三、操作题
1．将 ICICOS 的 DVD 光盘挂载到/media/cdrom 目录，查看其中的目录和文件。

答：1．放入光盘，2．创建挂载文件#mkdir /mnt/cdrom，3．将光盘文件挂载到新建文件夹下。

#mount /dev/cdrom /mnt/cdrom，4．验证挂载是否成功#ls /mnt/cdrom

2．新添加一块硬盘，划出一个 2 GiB 大小的分区，并用此分区扩展现有的交换空间。

答：创建交换文件系统，#mkswap/dev/sdc5（这个分区必须已经被分为交换文件系统）挂载交换分区，#swapon /dev/sdc5。

3．新建一个 20 GiB 大小的分区，并用此分区替换现有的/opt 目录，设置开机自动挂载。

答：自动挂载需要修改/etc/fstab 配置文件。

第 6 章　引导过程和服务控制

一、选择题
1．B
2．B
3．B

4. D

5. D

二、简答题

1. 简述 ICICOS 的基本引导过程。

答：（1）开机自检（BIOS）主板（2）MBR（主引导记录）引导（找到对应启动系统主分区）硬盘（3）GRUB 菜单（选择操作系统）（4）载入 kernel 内核启动 ICICOS

2. ICICOS 中包括哪些运行级别？各自的含义是什么？

答：#init 3（进入命令界面）#init 5 （进入图形界面）

第7章 ICICOS 基础网络设置

一、选择题

1. B

2. C

3. B

4. A

5. C

二、简答题

1. 列举 ICICOS 中的主要网络配置文件并说明其作用。

答：DEVICE：设置网络接口的名称

ONBOOT：设置网络接口是否在 ICICOS 启动时激活（设置为有效）

BOOTPROTO：设置网络接口的配置方式，值为"static"时表示使用静态指定的 IP 地址，为"dhcp"时表示通过 DHCP 的方式动态获取地址

IPADDR：设置网络接口的 IP 地址

NETMASK：设置网络接口的子网掩码

GATEWAY：设置网络接口的默认网关地址。

2. 设置网络地址时可使用临时配置、固定配置两种方式，简述各自的特点和差异。

答：（1）临时配置通过命令行直接修改当前正在使用的网络地址，修改后立即可以生效。这种方式操作简单快速，执行效率高，一般在调试的过程中使用，但由于所做的修改并没有固定地存放在静态的文件中，因此当重启 network 服务或重启主机后将会生效。

（2）固定配置通过配置文件来存放固定的各种网络地址，需要重启 network 服务或重启主机才会生效。这种方式操作上相对要复杂一些，但相当于"永久配置"。一般在需要为服务器设置固定的网络地址时使用。

三、操作题

1. 修改配置文件，将当前主机的 IP 地址改为 172.16.16.11，主机名改为 dhcpsvr。

答：略

2. 为网卡 eth0 添加两个虚拟接口 eth0:0、eth0:1，其对应的 IP 地址分别为 192.168.7.7/24，192.168.8.8/24。

答：略

3．搭建 DHCP 服务器，为 172.16.16.0/24 网段提供自动分配地址服务，使用的地址池范围为 172.16.16.120～172.16.16.180，并为网段内的网络打印机（MAC 地址为 00:c0:c3:22:46:81）分配固定的 IP 地址 17.16.16.16。

答：略

第 8 章　Samba 文件共享服务及安全

一、选择题

1．A

2．C

3．A

4．A

5．A

二、简答题

1．Samba 服务器中主要包括哪几个服务程序？各自的作用及监听的端口是什么？

答：启动 smb 服务以后，会加载 smbd 程序组件。使用 netstat 命令可以验证服务进程状态，其中 smbd 程序负责监听 TCP 协议的 139 端口（SMB 协议），445 端口（CIFS 协议）。

2．Samba 服务器的主配置文件中，[homes]配置段的作用是什么？

答：宿主目录共享设置：设置 ICICOS 用户的默认共享，对应用户的宿主目录。当用户访问服务器中与自己用户名同名的共享目录时，通过验证后将会自动映射到该用户的宿主文件夹中。

三、操作题

将/var/src/目录设为名为 source 的匿名共享，验证访问权限。

答：略

第 9 章　FTP 文件传输服务及安全

一、选择题

1．A

2．C

3．A

4．D

5．A，D

二、简答题

1．简述 FTP 服务器中主动传输模式与被动传输模式的区别。

答：FTP 的主动模式是由服务端先发起数据连接，被动模式是由客户端先发起数据连接。

2．简述 vsftpd 服务器中用户列表文件 ftpusers 与 user_list 的作用和区别。

答：在 ftpusers 和 user_list 文件中列举的用户都是不允许访问 FTP 服务的用户（例如 root、bin、daemon 等用户）。除了需要登录 FTP 的用户外，其余用户都应该添加至此拒绝列表中。

3．简述配置 vsftpd 使用虚拟用户的基本过程。

答：（1）建立虚拟用户的账号数据库（2）为 vsftpd 服务添加虚拟用户支持（3）为不同的虚拟用户建立独立的配置文件。

三、操作题

1. 使用 vsftpd 搭建匿名 FTP 服务器，允许匿名用户上传到 upload 目录下，并能够在 upload 目录下执行创建文件夹、删除文件、重命名文件等操作。

答：略

2. 为匿名 FTP 服务器添加限速设置，最大为 20KB/s，并验证限速效果。

答：略

第 10 章　网站架设

一、选择题

1. C

2. D

3. B

4. B

二、简答题

简述 Apache HTTP Server 使用的日志文件类型及各自的用途。

答：httpd 服务器使用了两种类型的日志：访问日志和错误日志。这两种日志的文件名分别为 access_log 和 error_log。均位于/usr/local/httpd/logs 目录下。

通过查看访问日志文件 access_log，可以及时了解 Web 站点的访问情况。访问日志中的每一行对应一条访问记录，记录了客户机的 IP 地址，访问服务器的日期和时间、请求的网页对象等信息。

三、操作题

1. 编译安装 httpd-2.2.17 软件包，添加--disable-info、--disable-userdir 两个配置选项，以便取消版本信息反馈、个人主页功能。

答：略

2. 修改 httpd.conf 文件，将网站根目录改为/var/www/html，并进行验证。

答：略

3. 修改 httpd.conf 文件，通过 Include 配置项加载 conf/extra 目录下的 httpd-manual.conf 文件，并对其进行验证（访问 http://www.test.com/manual/en/）。

答：略

第 11 章　Shell 脚本基础

一、选择题

1. A

2. B

3. C

4. A

5．C

二、简答题

1．简述一个完整的 Shell 脚本有哪些内容构成。

答：解释器+脚本主要内容。

2．简述在 Shell 变量应用中单引号、双引号、反撇号的用途。

答：双引号（""）：会把引号的内容当成整体来看待，允许通过$符号引用其他变量值。单引号（''）：会把引号的内容当成整体来看待，禁止引用其他变量值，Shell 中特殊符号都被视为普通字符。反撇号（``）：反撇号和$()一样，引号或括号里的命令会优先执行，如果存在嵌套，反撇号不能用。

三、操作题

1．过滤出本机 eth0 网卡的 MAC 地址，并赋值给变量 HWaddr。

答：HWaddr=$(ifconfig eth0 | grep "HWaddr" | awk '{print $5}')
　　　echo $HWaddr

2．编写一个小脚本程序 sumsquare.sh，用来计算两个整数的平方和。例如，当执行"sumsquare.sh 3 4"命令时，输出结果为25；当执行"sumsquare.sh 5 6"命令时，输出结果为61。

答：#!/bin/bash

```
num=`expr $1 \* $1`
num1=`expr $2 \* $2`
num2=`expr $num1 + $num`
echo "$num2"
```

3．编写一个小脚本程序 memusage.sh，根据 Free 命令的结果计算内存使用率。

答：#!/bin/bash

```
echo "内存使用率为："
free -m|sed -n '2p'|awk '{printf("%.2f%%\n",($3-$6-$7)/$2*100)}'
```

第 12 章　Shell 脚本初级应用

一、选择题

1．AB

2．C

3．C

4．C

5．D

二、简答题

1．简述用于整数值比较的常用操作符及其含义。

答：算数操作符，格式操作符%，比较操作符。

2．简述逻辑测试的常用操作及其含义。

答：双引号（""）：会把引号的内容当成整体来看待，允许通过$符号引用其他变量值。单引号（''）：会把引号的内容当成整体来看待，禁止引用其他变量值，Shell 中特殊符号都被视为普通字符。反撇号（``）：反撇号和$()一样，引号或括号里的命令会优先执行，如果存在嵌套，反撇号不能用。

3. 简述单分支、双分支 if 语句的执行流程。

答：第一种，条件成立就做。不成立就不做。第二种，条件成立做"程序一"，不成立做"程序二"。不管条件成不成立都做。第三种，嵌套条件语句。第一条件成立做"程序一"，不成立又进行条件二判断，条件二成立做"程序三"，条件二不成立做"程序四"。当然还可进行增加判断条件。视软件情况不同，嵌套层级也不一样。

三、操作题

编写一个名为 chkversion.sh 的脚本，判断当前系统的内核主次版本，若大于 2.4 则输出相应的版本信息，否则输出提示"内核版本太低，无法继续"。

答：首先输入：uname -r 查看自己主机的版本号

```
#!/bin/bash
Mnum=$(uname -r | awk -F. '{print $1}')
Snum=$(uname -r | awk -F. '{print $2}')
if [ $Mnum -eq 2 ] && [ $Snum -gt 4 ]
then
    echo "内核版本为：$Mnum.$Snum"
else
    echo "内核版本太低，无法继续!"
fi
```

第 13 章   Shell 脚本综合应用

一、选择题

1. C
2. D
3. B
4. A
5. B

二、简答题

1. 简述 for 循环语句的语法格式，执行流程。

答：for 语句的执行流程：首先将列表中的第 1 个取值赋给变量，并执行 do…done 循环体中的命令序列；然后将列表中的第 2 个取值赋给变量，并执行循环体中的命令序列，以此类推，直到列表中的所有取值用完，最后将跳至 done 语句，表示结束循环。

2. 简述 while 循环语句的语法格式，执行流程。

答：while 语句的执行流程：首先判断 while 后的条件测试操作结果，如果条件成立，则执行 do…done 循环体中的命令序列；返回 while 后再次判断条件测试结果，如果条件仍然成立，则继续执行循环体；再次返回到 while 后，判断条件测试结果，如此循环，直到 while 后的条件测试不再成立为止，最后跳转到 done 语句，表示结束循环。

3. 简述 case 分支语句的语法格式，执行流程。

答：case 语句的执行流程，首先使用"变量值"与模式 1 进行比较，若取值相同则执行模式 1 后的命令序列，直到遇见双分号";;"后跳转 esac，表示结束分支；若与模式 1 不相匹配，则继续与模式 2 进行比较，若取值相同则执行模式 2 后的命令序列，直到遇见双分号";;"后跳转至 easc，表示结束分支，以此类推，若找不到任何配置，则执行默认模式"*)"后的命令序列；直到遇见 esac 后结束分支。

三、操作题

1．编写一个名为 untarint.sh 的脚本，提示用户输入一个小于 100 的整数，并计算从 1 到该数之间所有整数的和。

答：#!/bin/bash

```
Sum=0
echo "请输入一个小于 100 的数"
readnum
fori in $(seq $num)
do
sum=$(($sum+$i))
done
echo "求和=$sum"
```

2．编写一个名为 unter.sh 的脚本程序，用来解压".tar.gz"或"tar.bz2"格式的压缩包文件。要求采用 case 语句，根据文件名后缀来自动选择相应的解压选项。

答：#!/bin/bash

```
# this
export LC_ALL= C
Read -p "请输入软件包名称：" PAG
Case $PAG in
*[z])
tar   xfz   $PAG   -C   /tmp
;;
*[2])
tar   xfz   $PAG   -C   /tmp
;;
*)
echo "请输入正确格式（gz/bz2）！"
;;
esac
```